말이 늦은 아이
속이 타는 부모

말이 늦은 아이
속이 타는 부모

2019년 06월 26일 초판 01쇄 발행
2022년 01월 03일 초판 05쇄 발행

지은이 이덕주

발행인 이규상 편집인 임현숙
편집팀장 김은영 책임편집 강정민
디자인팀 최희민 권지혜 두형주 마케팅팀 이성수 김별 김능연
경영관리팀 강현덕 김하나 이순복

펴낸곳 (주)백도씨
출판등록 제2012-000170호(2007년 6월 22일)
주소 03044 서울시 종로구 효자로7길 23, 3층(통의동 7-33)
전화 02 3443 0311(편집) 02 3012 0117(마케팅) 팩스 02 3012 3010
이메일 book@100doci.com(편집·원고 투고) valva@100doci.com(유통·사업 제휴)
포스트 post.naver.com/100doci 블로그 blog.naver.com/100doci
인스타그램 @growing_i

ISBN 978-89-6833-216-6   13590
ⓒ이덕주, 2019, Printed in Korea

이 도서의 국립중앙도서관 출판예정도서목록(CIP)은 서지정보유통지원시스템 홈페이지(http://seoji.nl.go.kr)와
국가자료종합목록 구축시스템(http://kolis-net.nl.go.kr)에서 이용하실 수 있습니다.
(CIP 제어번호: CIP2019023023)

또래보다 늦지 않게 말문이   터지는 언어자극 육아법

말이 늦은 아이
속이 타는 부모

이덕주 지음

물주는아이

아이의 늦은 말에
속이 타는 부모님들께

"왜 우리 아이만 말이 늦을까요?", "책도 많이 읽어주고, 이야기도 많이 해주었는데 더 이상 말이 늘지 않아요", "주변 또래 엄마들 중에서 제가 제일 열심히 아이를 교육하는 것 같은데 왜 우리 아이만 말이 더딜까요?", "전 전업맘으로 종일 아이와 함께 있는데, 왜 우리 아이는 말을 못 하나요?"

심리상담센터를 운영하고, 언어치료사로 일을 하다 보면 이런 질문들을 많이 듣습니다. 상담센터에 찾아오신 대부분의 부모님들은 아이의 발달을 위해 늘 최선을 다하고 계셨습니다. 아이의 말을 빨리 트이게 하겠다는 일념으로 주변 엄마들에게 조언을 구하고, 인터넷을 검색해 여러 교육법을 찾아 아이에게 적극적으로 시도해봅니다. 그런데 때로는, 이런 방법이 말이 늦은 우리 아이의 말을 더 '방해'한다는 사실을 알고 계신가요?

우리가 주변에서 익히 접하는 언어발달 육아법이 모든 아이에게 보편적으로 적용되는 것은 아닙니다. 요즘 현대인들은 인터넷이 발달되어 궁금한 것이 있으면 바로바로 검색하여 해결을 하려 합니다.

말이 늦은 아이를 둔 부모님들 또한 마찬가지입니다. 언어를 촉진하는 방법을 검색하고, 그렇게 얻게 된 정보를 그대로 아이에게 접목해봅니다. 하지만 이러한 방법으로 효과를 보는 부모가 있는가 하면, 꽤 많은 부모들이 결국은 실패를 하게 됩니다.

저 또한 영유아 및 아동의 언어치료를 전문으로 하고 있지만, 이런 일은 제 주변에서도 종종 일어납니다. 모국어 발음을 만들어내는 데 어려움을 가지고 있는 아이에게 책을 읽어준다든지, 반향어(말을 무의미하게 따라 하는 증상)가 있는 아이에게 단어카드를 가지고 따라서 말해 보라고 하는 등 잘못된 사례들은 숱하게 많습니다.

구체적으로 예를 들어 볼까요? 말은 잘 알아듣는데 언어적인 표현만 안 되는 아이들이 있습니다. 주로 발음에 문제를 겪는 경우로, 이런 아이들은 사물의 이름은 이해하고 있지만 소리를 만드는 것이 어려워 음성으로 산출해내지 못하는 것인데요. 이 경우 정확한 진단만 이뤄진다면 아이의 언어발달 문제를 50% 이상 해결할 수 있습니다. 하지만 많은 부모들이 전문가를 찾아가기보다는 인터넷 등의 일반적인 이론이나 잘못된 상식에 의존하고, 이는 결국 아이의 언어발달을 돕기는커녕 오히려 지연시키는 결과를 불러옵니다.

이렇게 언어치료에 대한 의지는 강했으나 상황에 맞지 않게 치료 방법을 오용한 경우가 있는가 하면, 언어발달과 치료에 무관심하여 때를 놓치는 경우도 있습니다. 저는 '기다리면 된다'라는 말이 제일 무서운 말인 것 같습니다. 아이의 언어발달에 막연한 기다림이란 없기 때문입니다.

지능이 정상인 경우라면 첫말이 다소 느렸더라도 초등학교 입학 즈음에 또래와 비슷한 수준이 될 수는 있을 것입니다. 하지만 아이가 자신의 감정을 언어로 표현할 수 없는 그 긴 시간 동안, 말하지 못해 생기는 답답함은 어떻게 될까요? 아이는 답답함을 짜증과 공격성으로 바꾸어 표출하거나, 반대로 속마음을 감춘 채 소극적이고 주눅 든 상태로 자랄 수 있습니다. '때가 되면 하겠지?'라는 마인드는 방치일 뿐입니다. 부모는 적극적으로 우리 아이의 언어치료사가 되어 주어야 합니다.

언어적인 문제는 언어뿐만 아니라 아이의 사회성, 성격, 인성 등 많은 부분에 영향을 미칩니다. 따라서 언어는 아이의 평생을 좌우할 중요한 지표가 됩니다.

이 책은 10여 년간의 제 현장 경험을 바탕으로 다양한 언어 문제에 대한 솔루션을 담은 책으로, 실제 부모들의 상담사례는 물론 월령별 상황별 언어치료법, 아이의 언어자극을 위한 놀이법 등을 담고 있습니다. 아직 우리 아이에게 해당되지 않는 내용이 있더라도 미리 숙지하여 철저히 대비한다면, 혹 아이에게 문제가 나타나더라도 적절한 시기에 올바른 방법으로 중재할 수 있을 것입니다. '말 못 하는 우리 아이, 혹시 나 때문일까?' 걱정되고 조바심 나는 모든 부모님들께, 이 책이 도움이 되었으면 좋겠습니다.

언어치료사 이덕주

contents

prologue

아이의 늦은 말에 속이 타는 부모님들께   ··· 04

때 되면 다 한다는 말, 기다리기만 하면 될까요?

CHAPTER 01

01 내 아이의 말, 기다리기만 해선 안 됩니다

우리 아이 평생을 좌우하는 언어 습득기   ··· 15

내 아이의 자존감을 결정하는 언어발달   ··· 18

또래보다 말이 늦은 아이, 어떻게 해야 할까?   ··· 21

감정 표현이 서툰 내 아이, 공감력을 높이려면?   ··· 22

언어능력은 인지발달과 관계가 있다   ··· 23

소통능력이 향상되면 사회성도 높아진다   ··· 26

02 아이의 말을 내가 망치고 있는 건 아닐까?

아이 말이 늦으면, 부모 탓?   ··· 30

또래여도 언어능력에 차이가 날 수 있다   ··· 31

부모의 관심이 아이의 언어발달 속도를 앞당긴다   ··· 33

언어 습관을 망치는 나쁜 버릇   ··· 35

엄마 아빠와의 상호작용이 중요하다   ··· 38

엄마 아빠에게 꼭 필요한 말 습관   ··· 42

스마트폰은 언어발달에 도움이 될까?   ··· 47

신체 발달이 지연되는 경우에는 어떻게 해야 할까?   ··· 53

우리 아이 언어발달 수준,
정상인가요?

필수! 월령별 언어발달 체크리스트

0~7개월	청각 능력 확인이 중요합니다	··· 60
8~11개월	언어를 이해하기 시작하는 시기	··· 62
12~15개월	말을 시작하는 시기	··· 64
16~20개월	모방이 늘어나고 아는 단어도 많아지는 시기	··· 66
21~24개월	언어적 호기심이 왕성해지는 시기	··· 68
25~30개월	발음이 정확해지고 말로 의사를 표현하는 시기	··· 70
31~36개월	언어능력이 월등하게 발달하는 시기	··· 72
36개월 이후	의문사를 사용하는 시기	··· 74

불안한 부모를 위한
'언어 고민 상담소'

CHAPTER 03

01 또래보다 말이 늦은 우리 아이, 괜찮을까요?

또래 아이들이 다 하는 옹알이를 거의 하지 않아요 ··· 79

24개월 아이가 아직 '엄마, 아빠' 소리도 못 해요 ··· 86

'엄마, 아빠'는 일찍 했는데 말이 전혀 늘지 않아요 ··· 91

아이의 청력이 언어발달에 영향을 주나요? ··· 96

언어치료를 1년간 받았는데 좋아지지 않아요 ··· 101

02 발음이 부정확한 우리 아이, 무엇이 문제일까요?

예전엔 안 그랬는데 말이 늘면서 심하게 말을 더듬어요 ··· 106

발음이 부정확해서 무슨 말을 하는지 잘 모르겠어요 ··· 110

말을 할 때 감탄사를 많이 사용해요 ··· 115

특정 발음을 하지 못해요 ··· 119

글은 아는데 책을 읽으면 말을 더듬거나 아예 읽지 못해요 ··· 124

03 표현이 미숙한 우리 아이가 걱정이에요

다 알아듣는 것 같은데 말을 잘 하지 않아요 ··· 131

스마트폰만 보려 하고 말을 거의 하지 않아요 ··· 135

문장으로 말하지 못하고 단어로만 말해요 ··· 140

아이가 너무 큰 소리로 말해요 ··· 146

엄마 아빠가 말수가 적어서인지 아이도 말수가 적어요 ··· 151

외국에서 살다 왔는데 아이가 외국어도 한국어도 제대로 하지 못해요 ··· 156

04 아이가 말을 잘 이해하지 못하는 건 아닐까요?

아이가 같은 질문을 반복해요 ··· 163

말은 많이 하는데 남이 하는 말을 잘 알아듣지 못해요 ··· 168

또래 아이들보다 어휘력이 떨어져요 ··· 172

조금만 길게 얘기해도 집중을 못 하고 결국 말을 알아듣지 못해요 ··· 177

책은 많이 읽는데 책 내용을 거의 모르는 것 같아요 ··· 182

05 친구들과 소통이 어려운 우리 아이, 걱정이에요

어린이집에 간 아이가 말을 하는 대신 친구를 때리고 꼬집어요 ··· 187

아이가 덩치는 큰데 언어가 느려 또래랑 어울리지 못해요 ··· 191

친구들과 놀 때 심하게 욕을 해요 ··· 195

5살 남자아이인데, 남자랑은 말도 안 하고 여자랑만 놀아요 ··· 201

말을 더듬어 늘 주눅 들어 있어요 ··· 207

내 아이 말문이 트이는 언어자극 놀이법

책 속 부록

01 말문이 빨리 터지는 언어자극 놀이 ··· 216

02 소통능력을 향상시키는 언어자극 놀이 ··· 220

03 어휘력을 키우는 언어자극 놀이 ··· 222

04 인지능력과 학습능력을 높이는 언어자극 놀이 ··· 225

05 자율성을 키우는 언어자극 놀이 ··· 229

"
때 되면 다 한다는 말, 기다리기만 하면 될까요?
"

내 아이의 말, 기다리기만 해선 안 됩니다.

생후 3년 이내의 언어발달은 매우 중요합니다. 언어적 표현능력이 있어야 또래와의 유대감을 쉽게 형성할 수 있고, 이를 통해 사회성을 기르고 자신감을 키울 수 있습니다.

아이의 말을 내가 망치고 있는 건 아닐까?

아이들의 언어발달은 주 양육자가 얼마나 올바르고 적극적인 언어자극을 주느냐에 따라 큰 영향을 받기 때문에 가정에서 부모의 역할이 정말 중요합니다.

내 아이의 말, 기다리기만 해선 안 됩니다

우리 아이 평생을 좌우하는 언어 습득기

아이들은 출생 12개월을 전후로 하여 의미 있는 첫 낱말을 산출하고 18개월까지는 약 50개의 단어를 습득합니다. 생후 18~30개월은 아이의 언어가 폭발적으로 증폭되는 시기로, 언어적으로 문제를 지닌 아이들은 이 시기에 정상적인 언어발달을 보이는 아이들과 확연한 차이를 나타내기도 합니다. 이후 36개월이 되면 약 200개 이상의 언어적 표현이 가능하고 "엄마, 우유 줘"처럼 3개 이상의 단어를 사용해 문장을 구성할 수도 있습니다. "빨리 가자", "같이 갈래" 등 두 개의 단어를 연결해 사용하거나 '안', '못' 등을 사용해 자신의 의사를 간단하게 표현하기도 합니다. 이렇듯 생후 3년 안에 인지능력 및 자기 의사를 표현하는 능력 등이 생겨나서 주변과 무리 없이 의사소통을 하게 됩니다.

생후 3년 이내의 언어발달이 중요한 가장 큰 이유도 이 때문입니다. 언어적 표현능력에 문제가 없어야 또래와 쉽게 유대감을 형성할 수 있고, 이를 통해 사회성을 기르고 자신감을 키울 수 있습니다. 그뿐만 아니라 이러한 과정들을 통해 자신을 소중하게 여기는 자존감도 형성할 수 있어 또래와의 관계를 잘 이루어가는 것은 아이에게 새로운 사회를 경험할 수 있게 하는 계기가 됩니다. 즉, 아이에게 언어적 표현능력이란 심리적 불안감이나 또래 관계의 어려움을 차단할 수 있는 매우 중요한 요소가 되는 것입니다.

이 시기에 배운 언어는 평생 언어 습관의 기초가 됩니다. 따라서 이때 부모의 역할이 매우 중요합니다. 말 잘하는 아이가 되기 위해서는 아이가 언어를 얼마나 빨리 습득하는가도 중요하지만, 언어를 얼마나 편안하게 받아들이고 그것을 자유롭게 응용하고 표현하는가가 더욱 중요합니다. 아이가 단어로 말하기를 시작하면 '집에서 할 수 있는 6가지 언어자극법'으로 지도해주세요. 좀 더 효율적으로 아이들의 바른 언어 습관을 키울 수 있습니다.

집에서 할 수 있는 6가지 언어자극법

1 아이의 입장에서 말해주기

의사소통 상황에서 아이가 말할 문장을 부모가 대신 말해주는 것입니다. 예를 들어 장난감 차를 아이에게 주면서 "자동차 주세요"라고 말하는 기법입니다. 벨이 울렸을 때는 "누가 왔을까? 아빠가 왔다!"라고 아이가 아직 하지 못하는 말을 대신 해줌으로써 아이에게 모방할 기회를 줄 수도 있습니다.

2 성인의 입장에서 말해주기

아이가 표현할 말을 직접 시범으로 보이기보다는 부모의 입장에서 말하는 것을 들려줍니다. 예를 들어 차를 밀면서 "차가 가네"라고 하거나 엄마가 물을 마시면서 "엄마는 물 마셔요"라고 말하는 자극 기법입니다.

3 덧붙이기

아이의 발화에 새로운 정보를 덧붙이는 방법입니다. 예를 들어 어느 아기가 울고 있는 것을 보고 아이가 "아기 울어요!"라고 말하면, 아이에게 "그래, 아기가 울고 있네"라고 말해주고 나서 "아기가 배가 고파서 울어요"라는 문장을 조금씩 덧붙이는 방식입니다.

4 확장하기

덧붙이기와 유사하지만 새로운 정보를 덧붙이는 것이 아닌, 더욱 좋은 표현방법을 제시해주는 방법입니다. 예를 들면, 아이가 음료수를 보고 "주스!"라고 말하는 경우, "그래, 사과 주스야"라고 말해주는 것입니다.

덧붙이기와 확장하기, 두 가지 방법을 함께 사용할 수도 있습니다. 아이가 "공!"하고 말하면 엄마는 "그래, 축구공이야, 발로 차는 거야" 하며 두 가지 언어자극법을 동시에 시행할 수 있습니다.

5 합성하기

두 개의 발화를 합쳐서 하나의 문장으로 표현해주는 방법입니다. 예를 들어 아이가 "가시에 찔렸어", "손가락 아팠어!"라고 말했다면 "가시에 찔려서 손가락이 아팠어"라고 문장의 합성을 통해 더욱 발달된 언어자극을 제시하는 방법입니다.

6 재구성하기

아이의 발화를 재구조화하여 다시 제시함으로써 아이의 언어 표현력을 향상시키는 방법입니다. 예를 들어 아이가 "내가 동생을 때렸어"라고 말을 하는 경우, "그래, 동생이 너한테 맞았구나"라고 새로운 문장 구조를 제시하는 방법입니다.

내 아이의 자존감을 결정하는 언어발달

언어발달이 뛰어난 아이는 또래보다 한발 앞선 출발점에 서 있습니다. 언어발달이 잘되었다는 건 그만큼 표현력, 이해력, 공감능력, 소소통능력, 학습능력 등이 뛰어나다는 말과도 같기 때문입니다. 이러한 능력은 의사소통을 잘하는 데 도움을 주는 것은 물론 아이의 자신감, 리더십, 자존감을 키우는 데 빼놓을 수 없는 중요한 요소가 됩니다.

한편 아이가 자신의 생각이나 감정을 적절한 말로 표현할 수 있다는 건 스트레스 없이 의사소통을 할 수 있다는 의미입니다. 발음이 부정확하여 상대방이 이해를 못 하거나, 상황에 맞는 단어를 적절하게 사용하지 못하거나, 단어의 조합을 제대로 하지 못하는 아이들은 의사를 표현하는 데 있어서 반복되는 좌절감을 경험하게 됩니다. 하지만 언어를 사용해 원활한 의사소통이 가능한 아이들은 좌절감 대신 성취감을 맛볼 수 있습니다. 가령, 과자를 먹고 싶을 때 부모에게 울거나 떼쓰지 않고 "과자 주세요"라는 말을 사용해 본인이 얻고자 하는 것을 좀 더 쉽게 얻을 수 있게 됩니다.

이렇게 자신의 의사를 정확하게 표현하는 것은 곧 자신감과 직결됩니다. 자신의 의사 표현을 언어로 능숙하게 할 수 있는 아이들은 부모 외에 또래나 주변 사람들과도 원활한 의사소통이 가능하기 때문입니다. 또 또래보다 뛰어난 언어능력을 갖췄다면 그들 대신 소통을 해주기도 하고 남들과의 마찰도 적어 리더십을 키울 수 있습니다.

언어를 통한 긍정적 효과를 자주 경험하게 된 아이들은 자존감 형성에 있어서도 조금 더 유리한 상황에 놓입니다. 부모나 주변 사람들이 말을 잘하는 아이에게 좀 더 집중하고 그 아이의 말에 귀 기울여 주기 때문에, 아이는 스스로 자신의 존재를 귀하게 여기고 소중하게 생각할 수 있습니다. 이렇게 충분한 사랑과 관심을 받고 있다고 느끼는 아이는 스스로 행복하다고 느낍니다. 이런 행복감이 내면의 힘이 되고 자신을 긍정하는 원동력이 됩니다. 아이의 자존감은 누군가 자신에게 집중하고 관심을 가지고 있다는 것을 인지할 때 더욱 커지게 됩니다.

이처럼 어려서부터 자존감을 키운 아이들은 자라면서 겪게 되는 좌절이나 실패의 순간에도 자신의 가치를 신뢰하고, 이로써 어려움을 스스로 극복할 힘을 얻습니다. 그 때문에 아이에게 자존감을 심어주는 것은 매우 중요하고, 자존감은 늘 육아의 핵심 키워드로 꼽히고 있습니다.

수많은 전문가들이 아이의 자존감 형성에 필요한 요소 중 하나로 공감과 경청, 소통 등을 꼽습니다. 언어를 통해 자신의 의사나 감정을 잘 표현할 수 있는 아이들이 타인의 감정에 공감할 수 있고 남의 말도 잘 들어줄 수 있습니다. 즉, 아이의 자존감 형성에 있어 언어의 발달은 매우 중요한 의미를 갖게 되는 것입니다.

따라서 아이의 말이 조금 서툴다거나 아이가 엉뚱한 상상을 자주 하더라도 지지해주고 관심을 가져주는 것이 매우 중요합니다. 아이의 말을 잘 들어주고 소통하는 부모의 노력이 더해질 때 아이의 사고는 더 깊어지고 넓어질 수 있습니다. 언어의 발달은 어느 한순간에 그냥 이루어지는 것이 아니라 부모의 노력과 의지로 조금씩 발전해나가는 것이라는 사실을 꼭 기억해야 합니다.

또래보다 말이 늦은 아이, 어떻게 해야 할까?

26개월 수찬이는 20개월이 가까워져도 말이 트이지 않자 어린이집에 다니면 말이 는다는 주변의 권유로 어린이집에 들어가게 되었습니다. 어린이집은 하나의 또래 집단이기 때문에 사회성을 키울 수 있는 곳이고, 그만큼 언어의 확장도 충분히 이루어질 수 있는 곳입니다. 인터넷 댓글이나 엄마들 모임에서도 어린이집에 가야 말이 보다 더 빨리 늘고 사회성도 좋아진다는 의견이 많습니다. 그런데 어린이집이 누구에게나 그런 긍정적 발달을 가져다주는 곳일까요? 물론 일반적인 아이에게는 해당이 되지만, 아직 언어가 트이지 않은 아이들에게는 자칫 감당하기 힘든 스트레스가 될 수 있습니다.

자신의 의사를 말로 표현하지 못하는 아이들은 점차 답답함이나 소외감을 느끼게 되고, 이러한 감정을 소리를 지르고 우는 행동 등으로 표출하게 됩니다. 그런데 문제는 말 때문에 스트레스를 받는 상황이 심화될수록 아이는 물건을 던지거나 소리를 지르거나 또래를 때리는 등의 폭력적인 행동을 더욱 자주 표출하게 되거나 자신의 감정을 표현하지 못하고 속으로 묵혀두어 마음의 상처가 될 수 있습니다. 이러한 환경에 지속적으로 노출되면 제때 언어발달이 이루어지기 어려워지고, 오히려 아이에게는 더 큰 스트레스가 될 수 있습니다.

아이가 또래보다 1년 이상 늦은 언어발달 때문에 또래와 쉽게 어울리지 못하고 폭력적 성향을 보인다면, 아이는 지금 극심한 스트레스 상황에 놓여 있는 것입니다. 언어발달이 조금 더딘 아이의 경우, 반드시 또래와 같은 교육을 받아야 할 필요는 없습니다. 아이마다 발달 속도에는 차이가 있으니 아이의 속도에 맞춰주는 게 가장 현명합니다.

아이가 말 때문에 스트레스를 받는 것 같다면 어린이집에 한 살 어린 반으로 재편성을 요청하는 것도 하나의 방법입니다. 언어 수준이 비슷한 집단에서 어울려 놀고 교감하며 스트레스 없이 언어를 습득하도록 만들어주는 것이 아이에게는 훨씬 더 좋은 환경이 됩니다. 언어치료를 병행하면 약 6개월~1년 사이에 또래와 비슷한 수준으로 언어능력이 상승할 것을 기대할 수 있습니다. 그때 다시 또래 반에 들어가는 방법도 좋습니다. 언어를 배울 시기의 아이들에게 가장 중요한 것은 언어에 대한 거부감을 갖지 않는 것입니다. 다만 자신보다 덩치가 작다고 동생을 때리거나, 장난감을 빼앗는 문제 행동을 보일 경우, 전문가와 충분한 상담을 통해 결정하는 것이 좋습니다.

감정 표현이 서툰 내 아이, 공감력을 높이려면?

말을 할 줄은 알지만 감정 표현을 제대로 하지 못해 울거나 폭력적인 성향을 보이는 아이들도 있습니다. 이럴 때는 아이에게 감정을 표현하는 방법을 알려주세요. 그에 앞서 먼저 아이의 감정을 읽어주고 진심으로 아이의 마음을 공감해줄 필요가 있습니다. 아이가 왜 화를 내는지, 왜 울고 있는지 아이의 이야기를 먼저 들어주고 감정을 어루만져주세요.

여자아이들도 그렇지만 특히 남자아이들은 두렵거나, 화가 나거나, 울 것 같을 때 부끄러움을 느낍니다. 이런 부끄러움 때문에 일부러 더 강한 모습을 보이려고 욕을 하거나 폭력을 쓰기도 합니다. 아이가 나쁜 말을 하고 폭력을 행사할 때마다 차분하게 잘못된 행동이라는 것을 알려주세요. 그리고 그런 행동을 한 아이의 마음은 어땠을지 적극적으로 공감하고 헤아려 주어야 합니다.

그다음, 아이에게 마음을 표현할 수 있는 언어를 알려주세요. "마음처럼 안돼서 속상해요", "잘 안 돼요", "너무 어려워요", "이건 하기 싫어요" 등 그때그때의 상황에 맞게 욕이나 폭력적 행동 대신 감정을 표현할 수 있다고 알려주세요. 아이는 스스로의 마음을 말로 표현하게 되면서 욕이나 폭력적 행동을 점차 줄여갈 수 있습니다.

언어능력은 인지발달과 관계가 있다

아이는 주변을 탐색하고, 다양한 경험을 하고, 사람들과 의사소통을 하는 과정을 통해 언어발달을 이룹니다. 언어발달은 인지발달과 상당히 밀접한 관련이 있기 때문에 특별한 문제 없이 30~36개월 이상 말이 트이지 않거나, 또래와 의사소통이 되지 않거나, 부모와 상호 작용이 되지 않는다면 전문 기관의 상담과 두뇌 및 인지발달에 관한 객관적 검사를 받아보는 것이 좋습니다.

언어발달에 문제가 있을 때 인지발달의 이상 여부를 점검해야 하는 이유는, 언어를 관장하는 기관인 언어중추에 이상이 있을 수도 있기 때문입니다. 귀로 들은 소리를 의미 있는 언어로 받아들이고 그것을 단어나 문장 형태로 조합해 산출하도록 하는 기관이 바로 우리 뇌의 언어중추입니다. 언어중추가 제대로 발달하지 못하면 당연히 언어발달에도 문제가 나타날 수밖에 없습니다.

두뇌의 문제를 조기에 발견하지 못하고 장기간 방치할 경우, 의사소통에 어려움이 생기는 것은 물론이고 이로 인해 또래 관계에 큰 어려움을 겪게 됩니다. 이런 문제가 지속된다면 아이의 사회성은 점차 낮아지고 아이는 자신감을 상실하여 심리적 위축 상태에 빠질 수 있습니다. 또 모든 학습의 기초가 되는 언어능력이 떨어지면서 학습 장애로까지 이어질 수 있어, 취학 연령이 되면 더 큰 문제가 될 수 있습니다. 따라서 30~36개월 이상인 아이의 언어 수준이 또래보다 현저히 미비하다면 인지발달 검사를 포함한 정확하고 객관적인 검사를 받아 보아야 합니다.

간혹 인지발달이 정상인데 단순히 언어발달만 느린 경우도 있습니다. 이 경우에는 부족한 영역을 조금만 끌어올려 주면 원만한 언어 산출이 가능하기 때문에, 조기에 상담과 검사를 받는 것이 좋습니다.

1 어휘력을 키워주는 방법

말이 늦은 아이들에게 빨리 말을 하라고 여러 가지 어휘를 주입하기보다는 평소 아이가 알아들을 수 있는 어휘를 중심으로 꾸준히 대화를 해주세요. 아이는 본인이 이해할 수 있는 말을 들으면서 정서적 안정감을 느끼게 되고 좀 더 편안하게 어휘력을 키워갈 수 있습니다.

또 한 가지 주제에 연관되는 어휘를 학습시켜 주세요. 예를 들어 과일에 대한 어휘를 묶거나 동물에 대한 어휘를 묶어서 학습시키면 어휘력 향상에 보다 효과적입니다.

시각, 청각, 촉각에 관련된 의성어나 의태어도 다양하게 표현해주세요. '반짝반짝, 초롱초롱, 꿈틀꿈틀, 딸랑딸랑, 칙칙폭폭, 말랑말랑, 울퉁불퉁, 매끌매끌' 등 재미있는 표현을 사용해서 문장을 만들면 아이가 즐겁게 따라 할 수 있습니다.

2 인지력을 키워주는 방법

언제, 어디에서 등의 시간과 위치, 공간 개념을 간결한 문장으로 그때그때 표현해주세요. 예를 들어 '지금 가자', '이따가 하자', '먼저 먹자' 등의 시간 개념과 '접시 위에 과자', '책상 아래 장난감', '집 안', '차 밖' 등 위치와 공간 개념을 아이가 인지할 수 있도록 표현하면 됩니다.

'크다, 작다', '많다, 적다', '빠르다, 느리다' 등의 상반되는 개념도 알려주세요. 아이가 어휘를 통해 반대의 개념을 인지하게 됩니다.

3 기억력을 키워주는 방법

기억력이 좋아지면 아이의 언어기술은 더욱 발달하게 됩니다. 지나간 일이나 들은 이야기를 기억해서 말하면서 언어를 확장시킬 수 있습니다. 아이의 기억력을 높이기 위해 오늘 있었던 일을 이야기하며 대화를 시도해보세요. "오늘 어디 갔지?", "공원에서 뭐가 제일 재미있었지?", "누구랑 노는 게 좋았어?" 등 하루 일과에 대한 기억을 섬세하게 되짚으며 대화를 나누면 좋습니다. 아이가 아직 말이 트이지 않았다면 간결한 문장으로 질문과 대답을 해줘도 좋습니다.

소통능력이 향상되면 사회성도 높아진다

어떠한 집단에서 친화력이 넘쳐 사람들과 마찰 없이 잘 어울리고 사회적 활동을 원활하게 하는 사람을 '사회성이 좋다'라고 말합니다. 성인이 되어서야 사회성이 의미를 가질 것 같지만, 사실 아이들에서도 사회성은 매우 중요한 요소입니다.

또래와 잘 어울리며 원활한 의사소통을 할 수 있는 아이는 타인을 배려하고 이해할 줄 알며 갈등 조정 능력도 높습니다. 즉 리더십이 뛰어납니다. 또 아이는 그런 자신의 소통능력이 또래에게 어떤 영향

> 책상 **아래**
> 장난감이 있네.

> 여기는 **차 안**
> 저기는 **차 밖**

> 엄마 옷은 **작다**.
> 아빠 옷은 **크다**.

을 미치는지도 잘 알고 있습니다. 이런 아이들은 새로운 환경을 기피하며 수줍어하기보다는 즐기면서 원활하게 참여함으로써 즉, 사회성이 높은 아이로 성장합니다.

사회성이 높은 아이는 긍정적 에너지를 가지고 또래를 이끕니다. 그래서 항상 주변에 친구가 많고 그들에게 인정을 받습니다. 어려서부터 또래 관계를 잘 형성한 아이는 자신감과 자존감도 높고, 작은 사회 안에서 협력과 나눔, 배려를 배우기 때문에 바른 인성을 가진 아이로 자랄 확률도 훨씬 더 높아집니다.

실제로 아이를 한 명만 낳는 가정이 늘어나면서 우리 아이의 사회성 발달이 제대로 되고 있는지 궁금하다며 상담센터를 찾는 부모들 또한 점점 늘어나고 있습니다. 혼자 놀기를 즐기고 친구에게 특별한 관심을 보이지 않는 아이가 걱정이라며, 사회성이 떨어지는 아이에게 어떤 지도를 해줘야 할지 막막해하는 부모가 많습니다.

아이의 사회성은 특별한 학습을 하거나 주입식 교육을 한다고 해서 완성되는 것이 아닙니다. 특히 공부 잘하는 똑똑한 아이를 만들거나, 부모가 좋은 인맥을 만들어주는 등의 방법만으로는 절대 아이의 사회성을 기를 수 없습니다.

사회성을 기르는 방법은 의외로 간단합니다. 아이가 또래 친구들과 마음껏 놀고 지속적으로 공감하고 대화하며 자연스럽게 어울릴 수 있도록 해주면 됩니다. 즉, 놀이를 하고 대화하는 소통 과정에서 자신의 감정 처리는 물론 친구와의 갈등 해결 능력을 얻고, 나아가 친구를 배려하는 방법까지 스스로 배우는 것, 그것이 바로 사회성을 기르는 방법입니다.

우선 또래와 소통하기 위해서는 시기별로 적당한 언어를 사용할 수 있어야 합니다. 즉, 본인의 의사를 언어로 표현할 수 있어야 합니다. 아이들은 부모의 행동과 언어를 관찰하고 모방하면서 닮아갑니다. 따라서 평소 부모가 대화를 통해 소통하는 방식을 아이에게 지속적으로 보여주는 것이 좋습니다. 실제로도 부부간에 대화가 많은 부모 밑에서 자란 아이들이 언어발달이 더 잘됩니다.

대화를 통해 아이는 존중하는 태도, 타인을 대하는 도덕적 수준, 감정 조절의 방식, 타인에 대한 공감 등을 자연스럽게 배우게 됩니다. 이러한 소통능력이 내공처럼 쌓인 아이들은 어느 집단에 가도 잘 어울릴 수 있고 즐겁게 생활할 수 있는, 사회성 높은 아이로 성장할 수 있습니다.

아이의 말을
내가 망치고 있는 건 아닐까?

아이 말이 늦으면, 부모 탓?

"엄마, 맘마 주세요."

우리 아이는 아직 '엄마'밖에 말하지 못할 때 또래 아이가 또박또박 문장을 말하면 부모들은 부럽기도 하지만 덜컥 걱정이 앞섭니다. 우리 아이만 유독 말이 늦는 건 아닌지, 혹시 다른 문제가 있는 건 아닌지, 아이에게 TV나 스마트폰을 너무 많이 보여줘서 그런 건 아닌지, 맞벌이로 아이를 너무 방치한 건 아닌지……. 많은 고민과 자책을 하게 됩니다.

센터를 찾은 지아(30개월) 어머니도 아이가 아직 '엄마'밖에 말하지 못한다며 상담을 요청했습니다. 맞벌이로 아이와 보내는 시간이 적고 그로 인해 충분한 상호작용이 없어 아이의 언어발달이 지체되는 것은 아닌지, 육아를 위해 잠시 휴직을 고민하고 있다며 여느 부모들과 다름없는 걱정을 하고 계셨습니다.

아이들의 언어발달이 지체되는 원인 중 유전적 요인을 제외하고는 대부분 잘못된 양육환경이 언어발달을 저해하는 가장 큰 원인으로 지목되고 있습니다. TV, 스마트폰, 컴퓨터 등 영상 매체의 무분별한 시청, 가족 간의 대화 단절, 부모의 잘못된 의사소통 방식 등의 영향으로 아이들이 말할 필요성을 느끼지 못하거나 말에 대한 거부감을 느껴 말문을 닫게 되는 경우가 많이 나타납니다.

아이들의 언어발달은 주 양육자가 얼마나 올바르고 적극적인 언어자극을 주느냐에 따라 큰 영향을 받기 때문에 가정에서 부모의 역할이 정말 중요합니다. 선천적으로 언어발달이 늦는 경우도 많이 있는데, 이 경우 역시 부모와 주변에서 적극적으로 반응해준다면 아이의 언어발달 속도를 훨씬 더 앞당길 수 있습니다.

또래여도 언어능력에 차이가 날 수 있다

아이들은 태어나면서부터 울음을 통해 불편함, 배고픔, 아픔 등 자신의 상태를 표현합니다. 즉, 말 대신 울음이 소통의 수단이 되는 것입니다. 이후 아이는 성장해가며 언어를 통해 소통하게 됩니다. 언어로 소통하기 위한 첫 번째 준비 단계인 옹알이는 보통 생후 2~3개월부터 시작되며, 생후 7~8개월경에는 '마마마마', '빠빠빠빠'처럼 단음절을 반복하는 반복 옹알이를 통해 조음(말소리를 산출해내는 발음기관의 움직임)기관을 좀 더 단련하게 됩니다. 12개월을 전후해서는 의미 있는 첫 낱말을 산출하게 되는데, 첫 낱말로는 주로 '엄마'를 많이 산출하고 이후 18개월까지 약 50개의 단어를 습득합니다. 이렇게 습득한 단어를 조합해 '엄마, 맘마' '까까 죠(줘)' 등 의사소통의 수단으로 사용하게 되면서 점차적으로 언어는 발달하게 됩니다.

90%의 아이들은 '엄마'라는 첫 단어를 산출한 후로 특별한 자극을 주지 않아도 정상적인 언어발달이 가능합니다. 하지만 나머지 10%의 아이들은 발달 단계에 제때 도달하지 못합니다. 언어발달이 지체되어 말이 늦는 아이들의 성장과정을 살펴보면 옹알이를 다양하게 하지 못했거나, 12개월이 되어도 첫 낱말을 산출하지 못한 경우가 많이 있습니다.

아이들의 신체 발달은 크게는 월령에 따라 다르게 나타나고 개인별로는 약간씩 차이를 보이는 정도입니다. 하지만 언어발달은 그 차이가 매우 큽니다. 24개월에도 능숙하게 언어를 구사하는 아이가 있는가 하면, 36개월인데도 '엄마'라는 말밖에 하지 못하는 아이들도 있습니다. 그 때문에 같은 또래, 같은 월령이라고 해도 모두 비슷한 시기에 비슷한 수준의 언어발달을 보이지는 않습니다. 다만 또래와 비교해 아이의 언어발달이 지나치게 늦거나, 6개월 이상 차이가 난다거나, 전반적인 신체 발달까지 늦다면 전문가를 찾아 객관적인 검사를 받아보는 것이 좋습니다.

부모의 관심이 아이의 언어발달 속도를 앞당긴다

아이가 말이 늦는지를 판단할 때는 먼저 아이에게 청력 손실이 있는지, 주기적으로 중이염을 앓은 적이 있는지, 지적장애나 자폐 스펙트럼이 있는지를 체크합니다. 이러한 사항들에 속하지 않는다는 조건하에, 아이의 개월 수에 따라서 구사할 수 있는 언어를 체크해 보면 됩니다.

우선 18~23개월에 명료하게 발음하는 단어의 수가 10개 이하인 경우에는 언어발달이 지연되고 있다고 할 수 있습니다. 또 24개월에 표현 가능한 어휘가 50개 미만이거나, 단어를 조합해서 말하지 못하는 경우에도 말이 늦다고 할 수 있습니다. 마지막으로, 18~32개월에 단어 조합을 못 하거나 언어발달 검사 결과 표현어휘 능력이 또래의 하위 10% 이하에 해당될 때 언어발달이 지체되었다고 할 수 있습니다.

다행히 말이 늦는 아이 중에서 반 이상의 아이들은 만 3~4세경이 되면 정상적인 언어발달을 보이는 아이들을 유사한 범주 내로 따라잡게 됩니다. 또한 가정에서 아이에게 조금 더 집중하고 관심을 가져주면 정상 범주로 따라잡는 속도를 훨씬 더 앞당길 수도 있습니다. 하지만 말이 늦는 아이를 그대로 방치할 경우 지속적으로 언어

장애, 정서 및 행동장애, 사회성 문제, 학습장애를 가질 위험이 매우 높아지게 됩니다. 따라서 아이의 말이 늦다면 전문 기관을 찾아 객관적인 검사를 받고 언어치료적으로 접근할 필요가 있습니다.

물론 그보다 먼저 가정에서의 부모 역할이 가장 중요합니다. 아이가 또래보다 말이 늦다면 현재 아이의 능력을 파악한 뒤, 그 수준에 맞는 언어자극을 해주어야 합니다. 무작정 또래와 비슷한 수준의 언어를 사용하게 하려는 마음에 급하게 아이를 다그치거나 너무 많은 단어를 가르치게 되면, 아이는 언어를 거부하게 될지 모릅니다.

만약 아이가 '엄마, 아빠'밖에 말할 수 없는 상태라면 현재 아이가 발음할 수 있는 자음은 /ㅁ, ㅂ, ㅃ, ㅇ/뿐입니다. 이런 아이에게 /ㅅ/이 들어가는 '사탕'이나 /ㅊ/이 들어가는 '침대'를 따라 하라고 시키면 아이의 구강 운동능력이 따라가질 못해 말하는 것 자체를 거부할 수 있습니다. 이 경우 아이가 발음할 수 있는 '맘마, 빠빠, 빼, 삐뽀, 비, 오빠, 이모, 뽀뽀' 등을 먼저 가르쳐주세요. 의외로 잘 따라 하는 아이의 모습을 확인할 수 있을 것입니다.

아이에게 말에 대한 자신감을 심어주는 것은 부모의 몫입니다. 아이의 수준에 맞게 언어자극을 주어야 아이는 잘 따라올 수 있고, 그로 인해 말하기에 자신감이 생길 수 있습니다. 그뿐만 아니라 언어를 사용하면 소리를 지르거나 울어서 원하는 것을 얻을 때보다 훨씬 더 편하다는 것을 스스로 깨닫게 되고, 점차 더 자주 언어를 소통의 도구로 사용하게 될 겁니다. 하루 최소 30분에서 1시간가량 아이와 대화를 나눠보세요. 아이는 말하는 것 자체를 즐길 수 있게 될 것입니다.

언어 습관을 망치는 나쁜 버릇

정확한 발음 또는 특정 발음을 하지 못하거나 자신의 생각을 말로 적절하게 표현하지 못하는 것, 타인의 말을 이해하지 못하고, 말을 더듬거나, 음성을 잘 내지 못하는 등 언어 문제는 그 유형이 매우 다양합니다. 또 유형만큼이나 원인도 다양하기 때문에, 언어 문제의 원인을 찾아야 제대로 된 치료가 가능합니다.

하지만 언어발달상의 문제점은 기능적, 기질적 원인으로도 설명되지 않는 경우가 더욱 많습니다. 다시 말해 양육환경이나 신체 기관 장애와 같은 원인만으로 전부 설명되지는 않는다는 것입니다. 어떤 경우는 그 원인을 알기 어려워 추정만 하는 경우도 있습니다. 그러나 정확히 집어내지 못한다 해도 언어발달의 문제를 일으키는 원인은 반드시 있기 마련이며, 이런 원인을 찾아내야 치료가 더 쉬워지고 치료의 효과도 극대화할 수 있습니다. 만약 뚜렷한 원인을 찾지 못했을 경우라고 해도 그 원인을 추정해가면서 해결방법을 모색할 수도 있으니 절대 포기하지 말아야 합니다.

영유아기에 언어발달상의 문제로 의사소통이 원활하게 이루어지지 못한 아이들은 자라면서 사회생활을 수행할 때나 대인관계에 있어 어려움을 겪을 수 있습니다. 이런 부작용들은 고스란히 자존감으로 연결되고, 아이가 심리적으로 위축되는 등 정서적 문제로 확대될 가능성도 있습니다. 따라서 원만한 대인관계를 이루고 원활한 사회활동을 하기 위해서 언어 문제를 조기에 발견하고 치료하는 것은 매우 중요합니다. 가정에서 진단과 치료가 어렵다면 반드시 전문가의 도움을 받아 적극적으로 해결해야 합니다.

단순 언어발달 문제일 때

인지능력이나 사회성에도 큰 이상이 나타나지 않고, 신체 기관의 장애나 뚜렷한 정서상의 문제도 보이지 않지만 또래와 비교해 언어발달이 늦는 아이들이 있습니다. 이런 경우 단순히 말의 시작이 늦은 경우인지, 언어발달 지체를 보이는 경우인지 한눈에 구별하기는 어렵습니다. 다만 아직 말을 하지 못하더라도 부모와 다양한 방법으로 의사소통이 되고 있다면 일단은 조금 더 지켜봐도 괜찮습니다. 아이가 부모와 눈을 마주칠 수 있고, 지시 따르기를 할 수 있고, 손을 든다거나 고개를 끄덕여서 대답을 할 수 있고, 이해력은 정상이라고 판단된다면 24~30개월 정도까지 더 기다려도 큰 문제는 없습니다.

단순히 말이 늦은 아이에 비해 언어발달 지체를 확연하게 보이는 아이들은 보통 '엄마, 아빠'와 같은 첫 낱말을 24~30개월 사이 혹은 그 이후에 내뱉는 경우가 많고, 또래 아이들과 비교해 어휘를 습득하는 속도도 느린 특징을 보입니다. 단어와 단어를 조합하는 시기도 보통은 20~24개월경이지만 언어발달에 문제를 보이는 아이들은 40개월이 넘어서 시작하는 경우도 많습니다. 아이가 또래보다 언어발달이 6개월 이상 뒤떨어진다면 전문 기관의 상담을 받아볼 것을 권합니다.

특정 신체 기관의 문제나 장애가 없는데 언어발달에 문제를 겪고 있는 아이들은 일단 언어장애 가족력이 있는지, 유전적인 문제가 있는지, 양육환경에서 나쁜 영향을 받고 있는지, 상호작용이 잘되고 있는지, 옹알이의 수준이 일반적인지, 놀이수준이 정상적인지 등을 파악해봐야 합니다. 그래야 시간이 지나면서 자연적으로 해결될 수 있는 '단순히 말이 늦은 아이'인지, 전문적인 치료가 필요한 '언어발달지체를 가진 아이'인지 판단할 수 있습니다.

정서장애로 인한 언어발달 문제일 때

선천적 원인이나 뇌의 비정상적인 발달, 부적절한 양육환경이나 생활환경에서의 문제로 인해 다양한 정서적 문제가 나타날 수 있습니다. 이러한 정서적 문제는 언어발달에도 큰 영향을 미치는데, 보편적으로 상호작용과 의사소통에서 두드러지는 문제를 나타냅니다.

아직 말이 트이지 않은 어린 아이의 경우는 옹알이가 없거나 엄마, 아빠와의 상호작용이 거의 이루어지지 않거나 눈 맞춤을 제대로 하지 못하는 등의 특징을 보입니다. 또 음성으로 정확한 발음을 만들어내는 조음 능력이나 어휘력에는 큰 문제가 없는 아이임에도 적절한 문장을 구사하거나 상황에 맞는 언어를 사용하는 능력이 크게 떨어지는 경우가 있습니다. 언어의 표현이 가능한 경우라도 서로 대화를 나누기보다는 혼잣말을 하는 쪽에 가깝고, 자신이 하고자 하는 표현을 명확하게 하지 못하는 경우가 많습니다. 이밖에도 다른 사람의 언어를 무의미하게 반복하는 경우도 있습니다.

이런 경우는 가정에서 몇 가지 방법만으로 완벽한 치료가 어렵기 때문에 반드시 전문 기관을 찾아 언어적, 정서적, 심리적 치료를 병행해야 합니다.

엄마 아빠와의 상호작용이 중요하다

아이의 감각은 태어나면서부터 활짝 열려 있습니다. 그래서 끊임없이 주위를 탐색하고, 다양한 자극에 반응하며 성장해갑니다. 특히 눈을 맞추고 바라보며 끊임없이 말을 걸어주는 부모를 통해 유대감을 형성하고, 세상과 소통하는 법을 익히며, 말하는 즐거움을 알아가게 됩니다. 이러한 긍정적 자극이 쌓이다 보면 뇌 발달에도 큰 도움이 되고, 이것은 곧 언어발달로 이어지게 됩니다. 따라서 어려서부터 부모와 대화하기, 노래하기, 동화책 읽어주기 등의 상호작용을 통해 정서적 안정감을 갖도록 해줘야 아이는 안정적인 언어발달을 이룰 수 있습니다.

이러한 상호작용이 결핍되면 아이는 소통하는 방법을 제대로 익히지 못해 언어발달이 지체됩니다. 문제는 여기에서 그치는 것이 아닙니다. 앞에서 여러 번 언급되었듯 언어발달의 지체는 또래나 주변 사람들과의 소통을 어렵게 만들어 사회성의 발달에 악영향을 미치고, 아이의 성격 형성에도 영향을 줍니다.

어린 아이들에게 부모는 세상을 경험하게 해주는 창과 같은 존재입니다. 아이들은 엄마나 아빠의 언어를 통해 세상을 경험하고 세상과 소통하는 법을 배웁니다. 그만큼 부모와의 상호작용이 아이의 언어발달에 매우 중대한 영향을 미친다는 것을 꼭 기억해야 합니다.

아이와의 상호작용, 어떻게 해야 할까?

생후 16개월 된 주영이는 옹알이를 거의 하지 않았습니다. 검사도 받아봤지만 병원에서는 큰 이상 소견은 없다고 했습니다. 엄마는 아이에게 상호작용을 어떻게 해줘야 할지 몰라 난감해합니다.

많은 부모가 아이와 어떻게 상호작용을 해야 할지, 유대감은 어떤 식으로 형성해야 하는지 궁금해하는데, 어렵게 생각하지 않아도 됩니다. 아이와 눈을 맞추고 조곤조곤 이야기를 해주고, 아이의 옹알이에 적극적으로 반응해주고, 아이가 보내는 신호에 즉각적인 반응을 보여주고, 꾸준한 스킨십을 해주면 됩니다.

상호작용에 거창한 양육 기술이 필요한 것은 아닙니다. 아이와 잘 놀아주고, 대화를 많이 해주고, 아이에게 따뜻한 관심을 기울이는 등의 모든 행위가 상호작용입니다. 이렇게 섬세한 보살핌을 받은 아이들은 자연스럽게 부모와 정서적 유대감을 쌓게 되고 정서 발달과 언어 발달을 함께 이루게 됩니다. 상호작용을 통해 부모의 언어를 듣게 되고, 좀 더 자라서는 그 언어를 모방하며 자연스럽게 언어를 배우게 되는 것입니다.

그러나 적절한 시기에 충분한 상호작용이 이루어지지 않으면 아이는 정서적 유대감을 형성하기 어렵고, 심각한 경우 애착에 문제가 생겨 유사 자폐 증상이 나타나기도 합니다. 특별한 장애가 없음에도 눈 맞춤이 거의 없거나, 엄마 아빠의 호명에도 잘 반응하지 않거나, 옹알이를 비롯한 언어적 표현이 없는 경우에는 전문가를 찾아 상담을 받아야 합니다. 앞으로 가정에서 어떻게 아이와 지내야 하는지 코칭을 받고, 필요에 따라 적극적으로 치료를 할 필요가 있습니다.

언어는 표현의 수단이자 소통의 수단입니다. 그리고 이 언어는 상호작용을 통해 나타나는 결과입니다. 상호작용이 충분하게 이루어지지 않으면 아이는 표현이나 소통하는 방법을 익히지 못해 자신의 감정을 드러내거나 대화하는 것이 어렵고 어색할 수밖에 없습니다. 아이에게 훌륭한 표현의 수단이자 소통인 언어를 가르치기 위해서는 가정에서의 노력이 무엇보다 중요합니다.

신생아 시기라고 하더라도 아이에게 꾸준히 말을 걸어주어야 합니다, 아이가 울 때는 장시간 방치해서는 안 됩니다. 또, 아이와 이야기할 때는 눈을 맞추며 차분하고 부드럽고 따뜻한 말투로 말을 걸어주는 것이 좋습니다. 그래야 아이가 안정을 느낄 수 있습니다. 아이에게 TV나 동영상을 보여줄 때는 반드시 부모가 옆에서 함께해야 합니다. "저게 뭐야? 왜 그랬지?"와 같이 영상의 내용에 대해 이야기하며 상호작용을 해주어야 합니다. 아이에게 영상만 틀어주고 부모는 휴식을 취하는 태도는 금해야 합니다. 이렇게 상호작용을 하는 모든 시간이 결국 아이의 언어발달을 이루는 소중한 시간이 된다는 것을 꼭 기억하세요.

상호작용에는 '소통'이 제일 중요하다

간혹 아이와 상호작용을 할 때 계속 무언가를 가르치고 학습시키려는 부모들이 있습니다. 아이에게 재미있는 이야기를 들려주거나 그림책을 읽어주는 순간에도 자꾸 말을 따라 하라고 강요하고, 책을 읽어 보라고 시키고는 틀릴 때마다 지적을 하기도 합니다. 또 카드나 한글 교재를 통해 낱말을 주입시키며 끊임없이 반복질문을 하고 테스트를 합니다. 장난감 자동차를 가지고 놀 때도 마찬가지입니다. 아이에게 자동차의 색깔이 무엇인지, 바퀴는 몇 개인지 질문하고 알려주려 할 때가 많습니다. 과연 이 모든 시간이 엄마, 아빠와 애착관계를 형성하고 유대감을 쌓아가는 상호작용의 시간이 될 수 있을까요? 아니요. 아이에게는 단지 피하고 싶은 학습의 시간일 뿐입니다.

상호작용은 학습이 아닌 소통을 위한 시간이 되어야 합니다. 엄마의 목소리를 들려주고, 아빠의 웃음을 보여주고, 따뜻한 눈빛과 몸짓과 손길을 느끼게 해주면 그뿐입니다. 놀이를 하며 상호작용을 할 때는 온전히 놀이에 집중할 수 있도록 해주세요. 아이가 주체가 되어 놀이를 주도하면 부모는 그냥 따라가 주면 됩니다. 아이가 이해할 수 있는 쉬운 언어로 아이의 행동을 읽어주고, 아이의 감정을 표현해주고, 부모의 반응을 말로 얘기해주세요. 아이는 자연스럽게 소통의 방법을 배우게 되고 정서와 언어의 발달을 이룹니다. 이것이 바로 최고의 상호작용 방법입니다.

엄마 아빠에게 꼭 필요한 말 습관

우리 인간은 태어나면서부터 의사소통을 시작합니다. 처음에는 울음으로 자신의 욕구나 상태를 표현하고, 점차 자라면서 발성과 몸짓을 사용하고, 돌 무렵부터는 말을 통해 의사소통을 하게 됩니다. 하지만 또래와 비교해 유독 말이 늦게 트이는 아이들은 어떤 이유에서 말이 늦어지게 되는 걸까요?

물론 여러 가지 이유가 있지만 그중 하나는 아이 스스로 말의 필요성을 느끼지 못해서 말을 하지 않는 경우입니다. 자신이 말을 하기도 전에 부모가 알아서 모든 것을 해결해준다거나, 울며 떼쓰면 원하는 것을 바로바로 얻을 수 있다는 것을 알게 되면, 아이는 말의 필요성을 느끼지 않습니다. 또 다른 경우는 부모가 아이에게 너무 많은 언어자극을 주려다 보니 어렵고 긴 문장을 들려주는 때입니다. 이 경우 아이는 대화 자체를 이해하지 못하게 되고, 따라서 이를 모방하는 데도 어려움을 겪습니다.

두 가지의 경우 모두 부모의 잘못된 소통 습관으로 인해 언어발달이 지연되는 경우입니다. 부모가 아이의 이야기만 잘 들어줘도 아이의 언어는 더 많이 확장하고 발달할 수 있습니다. 많은 부모들이 아이의 언어발달을 위해 말을 가르치고 이야기를 들려주는 것에만 집중하고 있습니다. 그보다 아이가 무엇을 원하는지 살펴보고 아이가 어떤 말을 하고 싶어 하는지 조금만 여유를 가지고 기다려주세요. 부모의 여유 있는 소통 습관이 아이 스스로 말을 하게 만들고, 언어의 필요성을 느끼게 하고, 아이를 기쁘게 합니다. 그렇다면 부모의 올바른 말 습관에는 어떤 것이 있을까요?

아이가 말의 필요성을 스스로 깨닫게 하기

18개월인 진아는 배가 고플 때마다 울면 엄마가 밥과 간식을 줍니다. 옆집에 사는 18개월 나영이도 처음에는 울음으로 배고픔을 표현했습니다. 그런데 어느 날부터 나영이 엄마는 바로 밥을 주지 않고 나영이에게 "맘마, 맘마"라고 천천히 말하기 시작했습니다. 나영이는 엄마의 발음을 천천히 따라 해봤습니다. 그랬더니 엄마가 무척이나 좋아하면서 맛있는 간식을 줬습니다. 이후에도 "맘마"라고 하니 엄마가 바로바로 간식을 줬습니다. 나영이는 '아! 울지 않고 말을 하니 엄마가 빨리 주는구나!' 하고 깨닫게 되었습니다. 어느덧 24개월이 된 진아는 아직도 말을 사용하지 않고 울거나 엄마 손을 잡아

당기며 의사소통을 합니다. 반면 나영이는 이제 "엄마, 맘마 죠(쥐)"라고 간단한 문장을 사용하며 말을 합니다.

진아와 나영이의 차이는 단순히 말을 하고 못 하고의 차이가 아닙니다. 진아는 울면 굳이 말을 하지 않아도 의사소통이 됐기 때문에 말의 필요성을 느끼지 못한 것이고, 나영이는 스스로 말의 필요성을 깨닫고 말을 하기 시작한 것입니다. 이처럼 아이의 언어발달을 위해서는 '말을 하면 원하는 것을 쉽게 얻을 수 있다'는 것을 아이에게 알려 줘야 합니다. 부모가 말이나 행동을 대신 해주면 아이는 결코 말의 필요성을 느낄 수 없습니다. 아이의 말을 기다려주고 끊임없이 소통하되, 아이가 부모의 말을 모방할 수 있도록 간단한 단어부터 천천히 반복해서 알려주면 아이는 점차적으로 말을 사용해 의사를 표현하게 됩니다.

경청과 공감으로 말하는 아이를 기쁘게 해주기

언제 어떤 경우라도 내 편이 있다고 느끼는 것은 굉장히 든든하고 큰 의지가 되는 일입니다. 과연 우리 아이들은 엄마, 아빠를 '든든한 내 편'이라고 생각하고 있을까요? 아이들이 부모를 내 편으로 느끼기 위해서는 서로 간에 끈끈한 유대감이 형성되어 있어야 합니다. 유대감은 지속적인 상호작용을 통해서 애착관계가 형성되면 자연스럽게 생겨나게 되는데, 주로 아이들과 대화를 하거나 지속적인 스킨십을 나눌 때, 또 따뜻한 눈빛이나 몸짓 등을 주고받을 때 더욱 견

고해집니다. 아이는 부모가 자신의 이야기를 경청하고 있는지, 그냥 건성으로 듣는지 다 느끼고 있으므로, 말 한마디를 나누더라도 대충 하는 모습을 보여서는 안 됩니다. 비단 아이의 언어발달을 위해서만이 아니라, 아이들과 유대감을 쌓기 위해서도 대화의 방식은 매우 중요합니다.

아이의 말을 진심으로 귀담아듣고 적극적으로 공감해주면, 아이는 자신이 사랑받고 있다고 느끼며 존중받을 만한 사람임을 스스로 느끼게 됩니다. 이를 통해 자존감도 커지고 부모와의 유대감도 크게 형성될 수 있습니다. 나를 믿어주는 사람과의 대화는 자연스럽게 즐거운 시간이 됩니다. 아이는 부모와의 대화에 거부감을 느끼지 않게 되고, 결과적으로 언어발달을 이루는 데 매우 긍정적인 효과를 얻습니다.

이런 경험들은 이후의 또래 관계를 비롯해, 성인이 되어 사회생활을 할 때도 큰 영향을 줍니다. 아이의 이야기에 귀 기울이고, 이야기를 나눌 때는 따뜻한 눈빛으로 아이와 눈을 맞춰주세요. 아이의 언어발달, 유대감 형성, 상호작용에 좋은 효과를 기대할 수 있습니다.

아이가 이해하기 쉽도록 간결하게 말해주기

아이가 말을 시작할 때 부모가 적절한 반응을 보여주는 것은 아이의 언어발달에 큰 도움이 됩니다. 예를 들어, 이제 겨우 말을 시작한 아이가 "맘마!"라고 말했을 때는 "맘마 줄까? 그래 엄마가 맘마 줄게" 정도의 간결한 문장으로 반응해주면 됩니다. 아이의 언어발달을 위한다고 길고 장황한 문장으로 말을 하게 되면 아이는 엄마의 언어를 알아듣기 어렵습니다. 아이 수준에서 알아듣기 쉬운 말을 천천히 발음하여, 아이가 엄마의 입 모양을 보고 소리를 들으며 그대로 모방할 수 있도록 해주는 것이 가장 좋습니다.

간략하게 말하는 방법

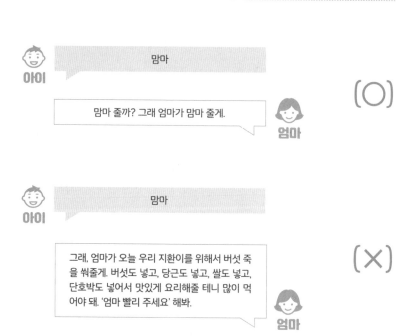

아이: 맘마

엄마: 맘마 줄까? 그래 엄마가 맘마 줄게. (O)

아이: 맘마

엄마: 그래, 엄마가 오늘 우리 지환이를 위해서 버섯 죽을 쒀줄게. 버섯도 넣고, 당근도 넣고, 쌀도 넣고, 단호박도 넣어서 맛있게 요리해줄 테니 많이 먹어야 돼. '엄마 빨리 주세요' 해봐. (X)

또, 아직 아이가 발음할 수 있는 자음이 /ㅁ, ㅂ, ㅃ, ㅇ/ 정도밖에 되지 않는데 발음하기 어려운 '사탕, 자동차, 주세요' 등을 따라 하라고 강요하고, 아이의 틀린 말을 그때마다 지적하게 되면 아이는 언어를 '매우 어려운 것'으로 받아들이게 됩니다. 아이가 쉽게 이해하고 발음할 수 있는 단어나 문장으로 대화를 시도해보세요. 아이들은 생각보다 훨씬 더 능숙하게 따라 하고 그만큼 언어발달도 효과적으로 이루어질 수 있습니다.

스마트폰은 언어발달에 도움이 될까?

"사탕 줄게. 뚝!"

우는 아이를 달래는 특효약은 달콤한 사탕 한 알이면 충분했던 때가 있었습니다. 하지만 요즘 부모들에게 우는 아이를 달래는 최고의 수단은 스마트폰입니다. 몇 번의 터치만으로 아이가 좋아하는 애니메이션이나 특정 캐릭터가 등장하는 동영상을 재생시킬 수 있을 뿐만 아니라 힘들여 어르지 않아도 우는 아이를 금세 달랠 수 있기 때문입니다. 그래서 차를 탔을 때나 외식을 할 때, 혹은 마트나 백화점 등의 장소에서 아이에게 스마트폰을 쥐어주는 모습은 흔하게 볼 수 있고, 아예 스마트폰 거치대를 장착해놓은 유모차도 어렵지 않게 볼 수 있습니다.

영유아의 스마트폰 중독 현상이 문제로 대두되며 그 심각성을 엄중하게 경고하는 전문가들이 늘고 있지만, 정작 부모들은 스마트폰의 폐해를 실감하지 못하고 있거나 '어쩔 수 없다'는 반응을 보이며 대수롭지 않게 여기는 경우가 많습니다. 그도 그럴 것이 스마트폰 하나만 있으면 울며 떼쓰는 아이와 힘겨운 씨름을 하지 않아도 되고, 아이에게 스트레스를 주지 않고도 음식을 먹일 수 있으며, 잠시나마 여유롭게 집안일을 한다거나 커피 한 잔을 편안하게 즐길 수도 있으니, 어쩌면 부모 스스로 스마트폰의 문제점을 애써 외면하고 있는 건지도 모릅니다.

스마트폰의 일방적 언어가 언어발달을 저해한다

"동영상을 틀어주면 말을 잘 따라 하던데요?"

상담실을 찾아온 부모들에게 스마트폰이 아이의 언어발달에 미치는 문제점을 설명하면 모두들 이렇게 의외라는 반응입니다. 30개월 넘어서까지 말을 하지 못했던 아이가 그나마 간단한 단어 정도는 말을 하게 된 이유가 스마트폰 덕분이라고 굳게 믿고 있던 부모도 있습니다. 또 아이에게 매일 2시간 이상 TV와 스마트폰으로 영상을 보여준다는 부모들도 꽤 많습니다. 하지만 저는 그때마다 스마트폰이 아이의 언어발달을 지체시켰던 주 요인 중 하나라고 말합니다.

대부분의 부모들이 스마트폰으로 영상을 틀어주면 스스로 몰입하는 아이들을 보게 됩니다. 그래서 그 시간에 교육적인 동영상을 보여주면 어느 정도의 학습효과까지도 기대할 수 있다고 믿고, 스마트폰이 언어발달에 좋은 수단이 된다고 오해하곤 합니다.

부모들은 스마트폰 동영상을 통해 언어발달이 이루어지지 않을까 기대하지만 언어는 서로 주고받는 대화를 통해 발달하는 것입니다. 즉, 스마트폰을 통한 일방향 소통으로는 언어발달에 자극을 주기가 어렵습니다. 한마디로 스마트폰에서 나오는 간단하고 반복적인 언어를 그대로 따라 하는 것은 언어발달에 좋은 영향을 주지 못하며, 엄마나 아빠의 질문, 그때그때의 감정 표현, 다양한 칭찬 등을 통해 양방향으로 소통하는 것이 중요하다는 얘기입니다.

일반적으로는 양방향으로 소통하며 언어에 노출되는 시간이 일주일에 40시간 이상 반복되어야 언어발달에 좋은 영향을 준다고 봅니다. 적어도 하루 6시간 정도는 부모와 눈을 맞추고 이야기를 주고받아야 한다는 얘기입니다. 외출하는 지하철 안에서 1시간, 식당에서 1시간, 다시 돌아오는 지하철에서 1시간 정도를 스마트폰에 집중하게 된다면 아이는 그만큼의 언어 노출 시간을 잃게 될 것입니다.

스마트폰에 집중한다고 집중력이 높아지는 것은 아니다

스마트폰이 아이의 집중력 향상에 도움이 된다고 오해하는 부모들도 종종 있습니다. 동영상 하나만 틀어주면 30분이고 1시간이고 집중하는 아이가 신통해 보이기까지 해서 잘못 생각하는 경우입니다.

집중력이란 주어진 특정 과제에 몰입할 수 있는 능력을 말하는데, 아이가 원치 않는 과제에도 몰입할 수 있어야 '집중력이 높다'고 말할 수 있습니다. 하지만 스마트폰에 집중하는 모든 아이들이 다른 과제에도 똑같은 집중력을 발휘할 수 있을까요? 아이에게 보던 스마트폰을 끄고 밥 먹기에 집중하라고 한다면 아이는 금세 울음을 터뜨리고 맙니다. 이것이 아이가 좋아하는 스마트폰 동영상에 장시간 몰입한다고 해서 무조건 집중력이 높다고 말하기 어려운 이유입니다.

현란한 컬러에 신기한 효과음, 빠르게 움직이는 스마트폰 화면은 아이들이 빠져들기 쉬운 조건을 모두 갖추고 있습니다. 이러한 자극적 화면에 노출된 아이들은 상대적으로 주변의 소리나 움직임에 대해서는 점차 약한 반응을 보이게 됩니다. 결국 아이들의 뇌에는 혼란이 생기고, 이런 과정에서 뇌의 전두엽과 측두엽은 악영향을 받게 됩니다.

그뿐만 아니라 적절한 뇌 발달을 방해하는 이 같은 환경이 지속될 경우 언어발달의 지체로까지 이어지고, 나아가 또래 관계에 어려움이 생기기도 합니다. 또한 집중력을 저하시키고, 심각한 경우 주의력결핍 과잉행동장애(ADHD), 틱장애, 발달장애 등이 나타날 위험성까지 내포하고 있습니다. 즉 스마트폰을 과도하게 사용하면 아이의 집중력을 높이기는커녕 오히려 심각한 악영향을 불러 일으킬 수 있으니 반드시 주의를 기울여야 합니다.

스마트폰이 아닌 부모와의 상호작용이 필요하다

언어발달이 주로 이루어지는 영유아 시기에는 부모를 포함한 주위 사람, 사물, 자연의 소리나 움직임을 보고 반응하는 것이 매우 좋은 자극이 됩니다. 이러한 긍정적 자극을 통해 언어가 발달하게 되고 집중력, 학습능력도 자연스럽게 높아질 수 있습니다. 아이에게는 주고받는 상호작용이 반드시 필요하다는 얘기입니다.

식당에서 아이에게 스마트폰을 보여주며 밥을 먹이는 부모들을

영유아가 스마트폰을 너무 많이 보는 경우, 집중력 저하는 물론
두뇌발달에 불균형이 발생할 가능성이 커집니다.

흔히 볼 수 있습니다. 이때 아이의 모든 관심이 온통 스마트폰 영상에 쏠려 있는 것을 볼 수 있는데, 중요한 것은 아이뿐만 아니라 아이 입에 기계적으로 밥을 떠먹여 주고 있는 부모의 모습도 바람직하지 않다는 것입니다. 차라리 스마트폰을 같이 보면서 부모가 지속적으로 말을 걸어준다면 그나마 나을 것입니다. 아이 따로 부모 따로 행동하는 모습은 훈육적 측면이나 언어발달의 측면에서 모두 적절치 못한 모습입니다.

언어발달에 유리한 환경을 만들어주는 것이 중요합니다.
특히 충분한 눈 맞춤과 언어자극은 아이의 언어발달을 촉진합니다.

만약 스마트폰이나 기타 영상에 노출되는 시간을 아예 통제할 수 없다면 그 시간을 효과적으로 이용하도록 끊임없이 상호작용을 해주는 것이 바람직합니다. 부모가 아이와 함께 동영상을 보면서 주인공에 대해 묻고 답하며 대화를 지속하면 언어 지체 위험을 줄일 수 있습니다. 또한 이러한 과정을 통해 아이가 과도하게 스마트폰 영상에 몰입하는 것도 방지할 수 있습니다.

신체 발달이 지연되는 경우에는 어떻게 해야 할까?

언어발달에 지장을 주는 원인으로는 크게 세 가지를 들 수 있습니다. 첫 번째는 기능적 문제인데, 신체적으로 건강하고 언어를 관장하는 신경계와 조음기관 등도 모두 정상이지만 언어를 습득하고 표현하는 데 문제가 있는 경우를 말합니다. 앞에서 언급했던 여러 가지 육아 환경이나 심리적 원인에서 비롯되는 어려움들로 특정하게 원인을 단정 지을 수 없기도 합니다. 이렇게 언어발달 환경이나 양육 환경에 영향을 받아 후천적으로 발생하는 기능적 문제의 경우, 원인을 파악하면 치료나 교정이 대부분 가능하지만 아이의 문제를 의식하지 못하거나 '좋아지겠지'라는 막연한 기대감으로 치료 시기를 놓치는 경우도 다반사입니다.

두 번째는 기질적 문제입니다. 태어날 때부터 청각 장애를 비롯해 이로 인한 여러 가지 증후군이 있거나 의사소통 및 인지발달에 영향을 주는 뇌손상이 있는 경우, 또 발음에 어려움이 있는 구개파열 등 모든 언어와 말에 관련된 기관에 문제가 있는 경우를 말합니다. 선천적으로 타고나는 기질적 문제의 경우, 검사 시기가 늦어져 또 다른 2차 장애로 이어지기도 합니다.

세 번째는 특정 신체 기관이 아닌, 전반적인 신체 발달이 지체되는 경우입니다. 전반적으로 발달이 더딘 아이들이 자연히 언어발달에도 어려움을 겪습니다. 일반적으로는 아이들이 혼자 서거나 걷기 시작할 무렵이 되면 "이게 뭐야?"라는 간단한 질문에 "까까" 정도의 단답형으로 말하는 것이 가능한데, 신체 발달이 느린 아이들은 아직 "엄마, 아빠"를 발음하는 것도 어려워하는 경우가 많이 있습니다.

아이들은 기고, 일어서고, 걷는 등 신체 발달을 통해 주위를 탐색하고 주변 세계를 배워갑니다. 이 기간에 부모와의 상호작용도 충분히 이루어시면서 언어발달을 이루어가는 것입니다. 즉, 신체 발날이 빠른 아이들은 대부분 언어발달도 빠르게 이루어질 가능성이 크다고 할 수 있습니다.

조기 검진으로 2차 장애 발생을 줄이거나 예방해야 한다

아기가 태어나자마자 바로 언어를 이해하는 것은 아닙니다. 하지만 귀를 통해 엄마의 말을 듣고 눈을 통해 엄마의 입 모양을 보며 차츰 말을 모방합니다. 만약 말을 들어야 하는 청각에 문제가 있다면 어떻게 될까요? 소리를 습득하기가 어렵기 때문에 언어발달에 지장이 생깁니다. 따라서 아기의 소리에 대한 반응은 신생아 때부터 세심하게 관찰하는 것이 매우 중요합니다. 옹알이나 음성놀이의 양이 매우 적고 부모의 목소리에도 반응을 잘 보이지 않는다면 꼭 전문기관을 찾아 청력검사를 받아보아야 합니다. 청력에 문제가 있는 아이의 경우 언어발달이 늦기 전에 가능한 시술이나 수술로 언어발달 문제를 줄일 수 있기 때문입니다.

요즘은 신생아의 조기검진이 일반화되었습니다. 특히 신생아 청력검사는 태어난 지 얼마 지나지 않은 시기에 이루어지기 때문에 24개월 이전에 빠르게 장애 유무를 판별할 수 있게 되었습니다. 이뿐만 아니라 조기검진이 발달하면서 장애 아동에게 나타날 수 있는 2차적인 언어장애도 발생을 줄이고 예방하는 것이 더욱 쉬워졌습니다.

02
CHAPTER

"

우리 아이
언어발달 수준,
정상인가요?

"

□ | 아이가 소리에 적극적으로 반응하나요?

□ | '마마마', '빠빠빠' 같은 반복 옹알이를 하나요?

□ | 부모의 말을 이해하고 손짓이나 고갯짓으로 의사를 표현하나요?

□ | 옹알이에 억양이 생겼나요?

□ | 어른들의 말을 따라 하려고 하나요?

□ | 받침을 발음할 수 있나요?

□ | 부정어나 의문사를 사용하나요?

✓ **월령별로 직접 체크해보세요!**

초조해하지 말고
직접 체크해보세요

우리 아이가 또래와 비교해 말이 늦은 편이면 부모들은 걱정을 합니다. 주변에서는 어린이집에 보내면 금방 배운다거나, 엄마나 아빠도 말이 늦게 트여서 괜찮다거나, 조금 기다리면 어느 순간 말문이 트인다거나 하는 말로 위로를 하지만 정말 마냥 기다려도 괜찮은 건지, 전문 기관을 찾아 검사를 받아보아야 하는 것은 아닐지 불안하고 답답할 때가 있습니다.

언어발달에 문제가 있다면 무엇보다 빠른 시기에 발견해 치료를 해야 좋은 결과를 볼 수 있습니다. 초기에 발견된 가벼운 문제는 전문가의 약간의 코칭만으로도 좋아질 수 있고, 짧게는 3~6개월 만에 눈에 띄게 달라질 수도 있습니다. 하지만 상황에 따라 장기적인 치료가 필요할 수도 있으니, 가능하면 조기에 발견해 적극적으로 치료하는 것이 좋습니다.

언어발달에 문제가 나타날 경우 그 치료는 만 3세 이전에 시작해야 예후가 좋습니다. 평소 아이의 언어 습관이나 상호작용 능력, 옹알이, 눈 맞춤 등을 세심하게 관찰하고, 또래보다 6개월 이상 언어능력이 떨어지거나 만 2세가 되어도 말이 트이지 않는다고 느껴지면 전문 기관이나 병원을 방문해 객관적인 검사를 받아보는 것이 좋습니다.

　다만 아이의 언어발달이 개월 수에 꼭 맞게 순차적으로 이루어지는 것은 아니며, 그 시기 또한 아이에 따라 얼마든지 달라질 수 있습니다. 즉, 언어발달은 아이마다 빠를 수도, 느릴 수도 있습니다. 또래보다 옹알이를 늦게 시작했다면 그만큼 전반적인 언어발달도 조금 더딜 수 있습니다. 그러니 우리 아이가 월령별로 나타나는 언어적 특징을 보이지 않고 조금 느리다고 해서 무조건 걱정할 필요는 없습니다. 월령별 언어발달 체크리스트를 보며 그 시기에 맞는 발달에는 어떤 것들이 있는지 살펴보고, 아이에게 어떤 지도를 하는 것이 좋을지 참고하면 아이의 언어발달을 더욱 적극적으로 도울 수 있을 것입니다.

0~7개월

✓

1   생후 2~3개월이면 '아, 으' 등의 단음절 옹알이가 시작됩니다. | ☐

2   소리가 들리는 쪽을 바라봅니다. | ☐

3   울고 있을 때 말을 걸면 잠시 울음을 멈추거나 소리를 듣습니다. | ☐

4   눈을 마주치고 재미있는 소리를 내면 웃거나 기분 좋은 소리를 냅니다. | ☐

5   화난 표정과 기쁜 표정 등을 확실히 구분할 수 있어, 표정에 따라 아기의 표정 | ☐
    도 변화합니다.

6   전화벨 소리, 세탁기의 기계음, 갑자기 켜진 TV 소리 등에 반응하며 귀를 기 | ☐
    울입니다.

7   부모 외에도 자주 듣는 사람의 목소리에 몸짓 또는 표정으로 반응합니다. | ☐

8   여러 가지 소리를 내려고 애씁니다. 아직 다양한 발음으로 옹알이하지는 못 | ☐
    하지만 옹알이의 횟수가 훨씬 더 늘어납니다.

9   정확한 말은 아니지만 자신의 기분을 나타내는 소리가 있습니다. 예를 들어, | ☐
    먹고 있는 것을 빼앗거나 장난감을 빼앗으려 할 때 표현하는 소리의 형태가
    있습니다.

10   '아우', '아이' 등 두 음절의 옹알이를 시작합니다. | ☐

말이 늦은 아이 속이 타는 부모

0~7개월까지는 청각 능력이 중요한 시기입니다. 언어발달이란 듣기에서 시작되어 말하기로 완성된다고 할 수 있기 때문에 이 시기에 적절한 청각 능력을 갖추는 것은 매우 중요합니다. 따라서 이 시기에는 아이가 소리에 적극적으로 반응하는지 꼭 체크해 보아야 합니다.

아이에게 계속해서 말을 걸어주세요. 아이가 응시하고 있지 않은 곳에서 소리가 날 때도 아이의 반응이 어떤지 유심히 살펴보세요. 아이가 소리에 잘 반응하나요? 정상적인 청력은 아이가 소리를 정확하게 발음하기 위해서 꼭 필요합니다.

아이가 아직 소리를 내지 못하더라도 소리를 잘 듣고 그에 대해 반응하는지는 꼭 체크해보세요. 발음이 안 좋은 아이들 중 청력 이상이 있는 경우도 종종 있습니다. 만약 소리에 전혀 반응하지 않는다면 소아과나 이비인후과 전문의를 찾아 진단해보는 것이 좋습니다.

이렇게 해주세요

아이의 의미 없는, 단순한 소리에도 엄마가 웃으며 반응해주면 아이는 좋아합니다. 아이가 아직 말을 하지 못해도 꾸준히 말을 걸어주세요. 특히 의성어, 의태어 등 재미있는 음성을 많이 들려주면 아이의 주의를 쉽게 끌 수 있고, 아이는 소리 듣는 것 자체를 즐기게 됩니다.

8~11개월

		✓
1	눈을 맞추며 옹알이를 합니다.	☐
2	아이의 행동에 부모가 재미있게 반응해주면 그 행동을 반복합니다.	☐
3	'아, 오!'와 같이 감탄사를 사용합니다.	☐
4	'엄마', '아빠', '맘마' 등 익숙한 단어를 말하면 관심을 보입니다.	☐
5	음악을 들으면 손을 흔들거나 어깨를 들썩이는 등 반응을 보입니다.	☐
6	'잼잼, 곤지곤지, 윙크' 등을 반복적으로 말하고 알려주면 따라 하기도 합니다.	☐
7	'빠이빠이', '뽀뽀' 등 일상에서 자주 하는 언어를 들으면 적절한 행동으로 반응합니다.	☐
8	'마마마, 빠빠빠'와 같이 입술을 사용하는 반복 옹알이를 합니다.	☐
9	'안 돼', '그만', '없다'와 같은 말을 이해하고 손 흔들기, 고개 끄덕이기, 손가락으로 가리키기와 같은 표현을 합니다.	☐
10	'맘마', '까까' 등 낱말처럼 들리는 소리를 발음합니다.	☐

이전과는 달리 옹알이를 통해 본격적으로 교감을 하는 시기이자 언어를 이해하기 시작하는 시기입니다. 특히 부모와 눈을 맞추며 옹알이를 하거나 부모의 반응에 행동이나 손짓으로 응답하기도 합니다. 출생 후 8개월경에는 '마마마', '빠빠빠'처럼 단음절을 반복하는 반복 옹알이를 합니다. 반복 옹알이로 발음기관을 더 단련해서 언어로 소통하기 위한 준비를 하는 것입니다.

체크리스트를 확인해보세요. 아이가 부모의 행동에 반응하고 옹알이를 시작했나요? 이 시기에 아이는 다양한 형태의 옹알이를 하고, 언어와 조금씩 친해집니다. 단순한 옹알이에서 반복 옹알이로 넘어가고, 더 발전하면 '맘마, 까까' 등의 친숙한 단어와 유사한 소리를 내기도 합니다. 무엇보다 부모가 자주 사용하는 말을 이해하고 손짓이나 고갯짓으로 의사를 표현하기도 합니다.

이렇게 해주세요

점점 더 다양해지는 아이의 옹알이에 적극적으로 반응해주세요. 아이가 옹알이를 할 때는 반드시 눈을 마주치며 반응해주어야 충분한 상호작용이 됩니다. 단, 반응은 아이의 옹알이가 끝난 후에 보여주세요. 그 과정에서 아이는 대화의 '주고받기'를 경험하게 됩니다.

12~15개월

✓

1	이전에는 '아이아이오~'와 같은 옹알이였다면 12개월 이후에는 '띠띠띠때, 압빠빠빠, 뚜뚜뚜뚜' 등 옹알이의 형태가 어른들의 말과 비슷해집니다. ☐
2	옹알이에도 억양이 생깁니다. ☐
3	발음은 안 되지만 어른들의 말을 모방하려고 합니다. ☐
4	원하는 것이 있으면 부모의 옷을 당기며 끌고 가기도 합니다. ☐
5	'엄마, 아빠' 소리를 낼 수 있지만 부르지는 못할 수 있습니다. ☐
6	돌을 전후로 해서 한 단어의 말을 시작하기도 합니다. ☐
7	상대방이 자신에게 하는 말인지 다른 사람에게 하는 말인지 구분하고 반응합니다. ☐
8	이름을 부르면 대답하는 것 같은 반응을 보입니다. ☐
9	친숙한 단어를 들려주면 손으로 지시하기도 합니다. ☐
10	'주세요', '넣어봐', '줄래?' 등 자주 하는 지시어에 따라 행동합니다. ☐

"엄마, 아빠!" 부모가 되어 아이에게 가장 듣고 싶은 말이 바로 이 두 단어가 아닐까요? 이 시기에는 정확한 발음이나 호칭은 아닐지라도 아이가 '엄마, 아빠'를 비슷하게 발음합니다. 옹알이가 아닌, 말다운 말을 시작하는 이 시기는 부모가 된 이후 가장 뿌듯하고 감격스러운 시기이기도 합니다.

체크리스트를 확인해보세요. 아이가 말을 하려고 노력하나요? 옹알이에 억양이 생기고 아직 유창하진 않지만 어른들의 말을 모방하려 애를 쓴다면 아이는 말을 하고 싶어 하는 것입니다. 어쩌면 언어발달에 있어 가장 중요한 시기가 될 수 있습니다. 이 시기에 말에 흥미를 잃거나 부담을 갖게 되면 입을 닫아버리는 경우가 종종 있으니 무리하게 말을 가르쳐서는 안 됩니다.

이렇게 해주세요

어른들의 말을 모방하려는 시기이기 때문에 아이가 옹알이를 하면 정확하고 천천히 단어를 알려주는 것도 큰 도움이 됩니다. 아이가 발음하지 못하거나 손가락으로 가리키는 사물이 있다면 "이건 맘마야. 맘마!", "이건 꽃이야. 꽃!" 이렇게 아이에게 알려주면 좋습니다. 아이는 부모의 입 모양을 보며 소리를 듣고 단어를 모방하기 때문입니다. 다만, 아이가 말을 하기 전에 모든 말을 부모가 먼저 해주면 아이는 말의 필요성을 느끼지 못하니 조금 여유 있게 기다려주세요.

16~20개월

✓

1	새로 습득되는 낱말이 매주 늘어납니다.	☐
2	'붕붕, 냠냠, 음매'와 같은 의성어나 의태어를 정확히 사용합니다.	☐
3	엄마나 아빠를 보고 '엄마, 아빠'라고 말하며 부릅니다.	☐
4	어른들의 말을 모방하는 일이 더 많아집니다.	☐
5	대략 50개 정도의 낱말을 습득하고 이해합니다.	☐
6	"코가 어디 있어?" 하는 말에 신체 부위를 가리킬 줄 압니다.	☐
7	고개를 젓는 행동으로 싫다는 의사 표현을 정확하게 합니다.	☐
8	인형에게 '맘마'라고 말하며 엄마 흉내를 냅니다.	☐
9	말하는 억양이 문장처럼 들리기도 합니다.	☐
10	원하는 대상을 가리키거나 비슷한 낱말로 표현하기도 합니다.	☐

이제 제법 어른의 말을 따라 하는 시기입니다. '이런 단어를 어떻게 알았지?'라는 생각이 들 정도로 아이가 스스로 새롭게 습득하는 낱말의 수가 부쩍 늘어납니다. 보통 18~20개월쯤을 '언어 폭발기'라고 하는데, 이 시기에는 발음기관이 성숙해져 또래는 물론 어른의 말까지 따라 하려고 합니다.

체크리스트를 확인해보세요. 아이가 새로운 낱말을 이야기하나요? 이때 아이가 새 어휘를 습득하지 못하거나 정확한 발음으로 이야기하지 못한다고 조급해할 필요는 없습니다. 아이가 아직은 /ㅁ, ㅂ, ㅃ, ㅇ/ 정도의 자음밖에 발음하지 못할 수 있습니다. 이때 아이에게 발음하기 어려운 단어들을 따라 하라고 강요하고, 틀린 발음을 그때마다 지적하면 아이는 언어에 대한 거부감을 갖게 됩니다.

이렇게 해주세요

아이의 언어발달이 급속도로 이루어지는 시기이지만 절대 무리해서는 안 됩니다. 너무 많은 언어자극을 주려고 어렵고 긴 문장을 들려주면, 아이가 대화 자체를 이해하지 못하거나 모방하지 못할 수도 있습니다.
아이와 끊임없이 소통하되, 아이의 말을 기다려주고 천천히 반복해 알려주면 아이는 조금씩 부모의 말을 이해하고 모방할 수 있습니다. 아이가 이해하고 따라 할 수 있는 단어나 문장으로 대화를 시도해보세요.

✓

1 "엄마, 죠(줘)"나 "엄마, 물" 이런 식으로 엄마를 부르며 할 말을 합니다.	☐
2 TV에서 나오는 말들을 따라 합니다.	☐
3 이름을 부르면 "네!"라고 정확하게 대답할 수 있습니다.	☐
4 한 낱말보다는 문장을 사용하려고 시도합니다.	☐
5 "뭐야?"라는 질문을 하기 시작합니다.	☐
6 '아빠 시계', '엄마 가방' 등 소유의 의미를 이해합니다.	☐
7 열 가지 정도의 간단한 동사를 말할 수 있습니다.	☐
8 "장난감 놓고 이리 와"처럼 두 가지 지시를 순서대로 시행할 수 있습니다.	☐
9 '즐겁다', '기쁘다', '슬프다', '예쁘다' 등 자주 쓰는 형용사를 이해합니다.	☐
10 '싫다', '좋다', '밉다' 등 자신의 감정을 표현합니다.	☐

TV에서 나오는 말을 따라 하고 낱말보다는 문장을 사용하려고 시도하는 시기입니다. 기존에 시도하지 않았던 언어를 사용하며 때문에 아이의 언어적 호기심이 왕성해지는 때이기도 합니다. 단어를 연결하는 것이 아직 어려운 아이에게 부모가 짧고 간결한 문장으로 호응해주면 아이의 언어는 더욱 확장될 수 있습니다.

체크리스트를 확인해보세요. 아이가 엄마를 부르며 말을 하나요? "엄마, 맘마!"라고 말을 하기 시작했다면 아이가 말의 필요성을 인지하기 시작한 것이라고 할 수 있습니다. '울고 떼쓰지 않아도 엄마를 부르고 원하는 것을 말하면 쉽게 얻을 수 있다'라는 것을 스스로 알게 된 것입니다. 이럴 때는 아이가 원하는 것을 바로 들어주는 것이 중요합니다. 단, 아이가 말을 하지 않을 때 부모가 모든 말을 대신 해준다거나, 말하지 않아도 알아서 모든 걸 해주어서는 안 됩니다. 그러면 아이는 결코 말의 필요성을 느낄 수 없다는 것을 기억하세요.

이렇게 해주세요

아이가 말을 시작할 때 부모님이 적절한 반응을 보여주는 것은 아이의 언어발달에 큰 도움이 됩니다. 예를 들어, 이제 말을 시작한 아이가 "맘마!"라고 말했을 때는 "맘마 줘? 그래 엄마가 맘마 줄게" 정도의 간결한 문장으로 반응해주면 됩니다.
아이의 언어발달을 위해 길고 복잡한 문장으로 반응하면 오히려 역효과가 날 수 있습니다. 아이가 이해할 수 있는 쉽고 간결한 문장으로 반복해서 반응해주다 보면 아이는 "맘마 죠(줘)"라는 문장을 스스로 완성할 수 있게 됩니다.

필수! 월령별 언어발달 체크리스트

25~30개월

✓

1	"안 먹어", "안 가" 등의 부정어를 사용합니다.	☐
2	발음이 부정확하더라도 자신의 이름을 물어보면 말합니다.	☐
3	'안녕', '빠이빠이'를 행동이 아니라 말로 하며 상황에 맞게 인사합니다.	☐
4	발음이 정확하지는 않지만 '할아버지, 할머니' 등 친인척과 관련된 호칭을 정확하게 매치할 수 있습니다.	☐
5	의문사를 사용하기 시작합니다.	☐
6	'포도, 고기, 바지, 나무, 나비' 등 받침 없는 2음절 발음이 정확해집니다.	☐
7	원하는 물체를 손으로 가리킵니다.	☐
8	'이거, 저거, 그거'가 아니라 몇몇 개는 정확한 사물의 이름을 말합니다.	☐
9	'이따가', '지금' 등의 기본적인 시간적 의미를 이해합니다.	☐
10	두 낱말을 이어서 말하기 시작합니다.	☐
11	발달이 빠른 아이 같은 경우, 어른이 사용하는 문장형태를 사용하기도 합니다.	☐

발음이 정확해지고 말로 의사를 표현하는 시기 **25~30개월**

아이에게 언어가 의사 표현의 중요한 수단이 되는 시기입니다. 이 시기에는 '안 가', '못해' 등의 부정어를 사용하기 때문에 좀 더 적극적으로 아이가 자신의 의사를 표현할 수 있게 됩니다. 이밖에도 의문사를 사용하거나 발음이 정확해지는 등 언어가 많이 확장됩니다. 부정확한 발음을 무리하게 교정하거나 어려운 단어를 발음해보도록 강요하면 아이가 말을 더듬거나 오히려 말하기를 거부할 수 있으니 주의하세요.

체크리스트를 확인해보세요. 아이의 발음이 정확한가요? 특정 발음을 제대로 하지 못한다고 해서 무조건 해당 발음법을 가르치고 반복적으로 시키는 방법은 좋지 않습니다. 그러면 아이는 문장에서 그 단어를 아예 빼고 말하거나, 얼버무리거나, 심한 경우 말을 더듬고, 아예 말하는 것 자체를 거부할 수도 있습니다. 조바심을 버리고 아이가 발음할 수 있는 낱말부터 연습시켜 보세요.

이렇게 해주세요

만약 아이가 '엄마, 아빠'밖에 말할 수 없다면 아이가 발음할 수 있는 '맘마, 빠빠, 빼, 삐뽀, 비, 오빠, 이모, 뽀뽀' 등을 먼저 가르쳐보세요. 아이는 의외로 잘 따라 할 것입니다. 아이가 발음하지 못하는 단어를 무리하게 가르치면 아이는 말에 대한 거부감만 갖게 됩니다.
말에 대한 자신감을 아이에게 심어주는 것은 부모의 몫입니다. 아이의 수준에 맞는 언어자극을 통해 아이가 말하기에 자신감을 가질 수 있도록 격려해주세요.

31~36개월

✔

1 '나, 너'를 다르게 표현합니다.	☐
2 "물 줘", "티비 켜주세요" 등 두 단어로 된 문장을 사용합니다.	☐
3 "쉬 마려워요"라고 배설 욕구를 말로 표현합니다.	☐
4 '아니야, 안 돼'를 말하거나 '했어요, 해요' 등 과거, 현재를 이해합니다.	☐
5 2~3개의 지시를 담은 복문을 이해할 수 있습니다.	☐
6 '자전거 바퀴', '가방 끈', '바지 주머니' 등 사물의 일부분까지 말할 수 있습니다.	☐
7 '앵두 같은 입술', '솜사탕 같은 구름' 등 간단한 비유를 이해합니다.	☐
8 사물의 앞, 뒤를 구분할 수 있습니다.	☐
9 '크다, 작다', '많다, 적다' 등 상대어의 의미를 이해합니다.	☐

쉬 마려워요

말이 늦은 아이 속이 타는 부모

　하루에도 많은 단어를 새롭게 배우고 어른들이 하는 웬만한 말은 다 알아들을 수 있게 됩니다. 안 되는 것에 대한 표현과 자신이 한 행동의 현재와 과거 표현 등을 모두 알기 때문에 언어를 통해 옳고 그름을 배울 수 있는 적절한 시기입니다. 또한 배변 욕구를 말로 표현할 수 있기 때문에 자기 조절 능력을 기를 수 있는 때이기도 합니다. 무엇보다 2~3개의 지시를 담은 복문을 이해할 수 있는 시기라 기억력 향상에도 매우 도움이 되는 때입니다.

　체크리스트를 확인해보세요. 2~3개의 지시를 담은 문장을 이해할 수 있나요? "인형 가지고 식탁에 앉아"라고 했을 때 지시를 그대로 수행한다면, 아직 또래보다 말을 잘하지는 못하더라도 크게 조바심을 내지는 않아도 됩니다. 아이는 이미 복문을 이해하고 있는 것이니까요. 단, 엄마의 지시를 수행하지 못하고 앵무새처럼 엄마의 말을 그대로 따라 하거나 대화에 전혀 집중하지 못한다면 전문가의 상담을 받아볼 필요가 있습니다.

이렇게 해주세요

두 개의 문장이 합쳐진 복문을 이해하지 못한다면 한 문장씩 나눠서 이야기해주세요. 이해하지 못하는데 지속적으로 복문 대화를 시도한다면 아이는 엄마, 아빠와의 대화를 어려워하게 됩니다.
만약 "자동차는 장난감 박스에 넣어두고, 식탁에 앉아"라는 문장을 써야 한다면 "자동차는 장난감 박스에 넣어둬"라고 말한 다음 아이가 수행하고 나면 그 뒤에 "식탁에 앉아"라고 말해주면 됩니다.

36개월 이후

✓

1	수의 개념이 생기고 숫자를 따라 말합니다.	☐
2	목소리가 커지고 말하는 속도가 빨라집니다.	☐
3	"뭐야? 누구야?" 등 보이는 의문사로 질문을 자주 합니다.	☐
4	2~3개의 단어로 된 문장을 자연스럽게 말할 수 있습니다.	☐
5	말을 자주 틀리고 문장도 안 맞지만 안 보이는 의문사, '왜, 언제' 등을 물어보기도 합니다.	☐
6	2개의 문장이 합쳐진 복문을 잘 이해하고, 사용하기도 합니다.	☐
7	'안 가는', '안 오고' 등의 부정어가 붙은 동사를 이해합니다.	☐
8	"장난감을 뺏어가서 화났어요", "밥을 안 먹어서 배고팠어요" 등 특정 상황에서 나타나는 감정이나 상태를 표현할 수 있습니다.	☐
9	'별들', '강아지들', '사람들' 등 복수의 개념을 이해합니다.	☐
10	자신이 들은 이야기를 다른 사람에게 해줄 수 있습니다.	☐

만 3세가 넘어가면 아이들의 언어는 놀라울 정도로 발달합니다. 36개월 이전에는 조금 어려워했던 복문도 이제는 제법 잘 이해하고 직접 사용하기도 합니다. 조음기관도 발달해서 목소리에 힘도 생기고 말하는 속도도 눈에 띄게 빨라집니다. 특히 이 시기에는 호기심이 많아짐과 동시에 의문사를 이해할 수 있기 때문에 "뭐야? 누구야?" 같은 폭풍 질문이 시작되기도 합니다.

체크리스트를 확인해보세요. 아이가 의문사를 사용하나요? 의문사는 크게 두 가지로 나눌 수 있습니다. 보이는 의문사인 '누구, 어디, 무엇'이 있고, 안 보이는 의문사인 '언제, 왜, 어떻게'가 있습니다. 보이는 의문사는 대답의 실체가 존재하기 때문에 습득이 쉽지만 안 보이는 의문사는 아이가 직접 자신의 사고를 말로 풀어내야 하고, 시간에 대한 개념도 자리 잡혀 있어야 대답이 가능합니다. 안 보이는 의문사는 보통 만 3세 6개월 이후에 서서히 확립되고 만 4세 이후에야 대부분 이해하게 됩니다. 그러니 너무 일찍 안 보이는 의문사에 대한 질문을 유도하지 않는 것이 좋습니다.

이렇게 해주세요

아이의 질문은 호기심의 시작이고, 언어의 확장 단계이며, 지능을 높일 수 있는 좋은 기회입니다. 그러니 쓸데없는 질문처럼 보여도 끝까지 성실하게 답변해주는 것이 중요합니다. 만약 반복되는 답변에도 아이가 계속 같은 질문을 한다면, 아이 입장에서는 새로운 답을 듣고 싶은 것일 수도 있습니다. 그럴 때는 아이에게 역으로 질문을 하거나 또 다른 방향의 답변을 제시하는 것으로 아이의 호기심을 충족시켜주세요.

03
CHAPTER

"

불안한
부모를 위한
'언어 고민 상담소'

"

"또래보다 말이 늦은 우리 아이, 괜찮을까요?"

"발음이 부정확한 우리 아이, 무엇이 문제일까요?"

"표현이 미숙한 우리 아이가 걱정이에요."

"아이가 말을 잘 이해하지 못하는 건 아닐까요?"

"친구들과 소통이 어려운 우리 아이, 걱정이에요."

또래보다
말이 늦은 우리 아이,
괜찮을까요?

" 또래 아이들이 다 하는 옹알이를 거의 하지 않아요. "

우리 아이 괜찮은 걸까요?

18개월 남자아이를 둔 엄마입니다. 우리 시후는 다른 아이들이 대부분 하는 옹알이를 거의 하지 않아요. 또래 자녀를 둔 엄마들의 말로는 보통 아이가 4~6개월부터 옹알이를 시작했고, 돌 지나면서 '엄마, 아빠' 정도는 발음했다고 하더라고요. 하지만 시후는 6개월에는 아예 옹알이가 없었고 최근 들어서야 옹알이 비슷하게 소리를 내기 시작했어요. 그런데 옹알이를 할 때는 보통 '마마마, 때때때, 빠빠빠'와 같이 반복되는 소리를 내던데, 시후는 '아~, 어~, 으~'와 같이 그냥 단음만 길게 소리 냅니다. 혹시 아이 자신도 옹알이를 제대로 하지 못해 답답해하는 건 아닌지 걱정도 됩니다. 아이들이 성장하면서 옹알이를 하는 것은 지극히 자연스러운 발달 과정이라고 하던데, 이러한 과정들로 언어발달이 더 잘 이루어지는 것인지도 궁금합니다. 만약 그렇다면 옹알이를 하지 않고 성장한 시후에게 나중에 언어적인 문제가 나타나는 건 아닐지 두렵습니다. 아이를 위해 제가 어떤 노력을 해야 할지 알려주세요.

옹알이는 말을 하기 위한
준비운동입니다

아이들은 언어능력이 발달해 의사소통이 가능해지기 이전에 혼자 다양한 소리를 냅니다. 이것을 옹알이라고 하는데, 옹알이는 대부분 특별한 자극 없이도 구강의 신경과 근육이 발달하면서 자연스럽게 나타나는 발달 과정 중 하나입니다. 보통은 생후 2개월 이후 본격적으로 나타나기 시작해 6~8개월에 접어들면 절정에 이르고, 말을 배우는 돌 무렵이 되면 차차 줄어들게 됩니다. 월령별로 다양한 옹알이를 하면서 아이들의 구강 기관과 근육은 점차 발달합니다. 즉, 옹알이는 말을 하기 위한 준비운동이자 언어발달의 첫걸음이라고 할 수 있습니다.

18개월인 시후의 경우 '아~, 어~, 오~'와 같은 소리를 낸다고 했는데, 이 역시 옹알이로 볼 수 있습니다. 다만 '아~', '오~'처럼 모음과 비슷한 소리를 내는 옹알이는 생후 4~6개월 사이에 나타나는 옹알이로, 시후의 경우 그 시기가 꽤 늦었다고 할 수 있습니다. 물론 옹알이가 빠르게 나타났다고 해서 언어발달이 훨씬 더 빠르게 잘 이루어진다고 단정할 수는 없지만, 또래보다 옹알이를 늦게 시작했다면 그만큼 언어발달이 더디게 진행될 가능성이 있습니다. 따라서 부모는 아이의 옹알이에 적극적으로 반응해주고 적절한 자극과 훈련을 통해 언어발달을 촉진해 주어야 합니다.

옹알이가 늦게 나타나는 원인으로는 선천적 요인이 가장 크다고 할 수 있습니다. 보통은 남자아이들이 여자아이들에 비해 언어발달이 늦는 경향이 있습니다. 만약 아이의 언어발달이 선천적으로 느리다면 옹알이를 시작할 때부터 부모가 적극적인 반응을 보여주는 것이 좋습니다. 아이들의 옹알이는 월령별로 조금씩 차이를 보이기 때문에 옹알이의 패턴을 미리 익혀두는 것도 도움이 됩니다. 시후가 낸 '아~'라는 소리도 옹알이의 일종이었으나 이를 옹알이로 인지하지 못했던 것처럼, 아이의 옹알이를 무심코 지나칠 수 있기 때문입니다.

옹알이는 월령별로 조금씩 달라집니다

• 2~3개월

생후 2개월부터는 아이의 구강 기관과 근육이 발달하게 됩니다. 이 시기에는 가장 발음하기 쉬운 소리인 '아', '오'와 같은 모음 비슷한 소리를 내기 시작합니다. 처음에는 '아'를 짧게 내다가 5~15초 정도 길게 내는 형태로 발전합니다. 또는 목구멍을 이용해 '크' 같은 소리를 내기도 합니다.

• 4~8개월

4~5개월 무렵이 되면 조음기관인 혀와 입술 근육 등이 단련되기 때문에 좀 더 다양한 소리를 내고, 들은 소리를 모방하기도 합니다.

주로 '마', '바', '다'와 같은 단음절의 소리를 내고, 입술을 진동시켜 '푸~' 하고 부는 소리를 내기도 합니다. 특히 5개월 이후에는 소리의 크기, 높낮이를 조절할 수 있어 갑자기 '꺅' 하는 고함을 지르기도 합니다. 경우에 따라 옹알이가 잠시 줄어들기도 하니 너무 걱정하지 않으셔도 됩니다. 7~8개월 무렵에는 '마마마', '바바바', '다다다'처럼 자음이 들어간 단음절을 반복적으로 발음하는데, 이것을 반복 옹알이라고 합니다.

•9~10개월

이 무렵이 되면 옹알이보다는 말에 조금 더 가까운 소리를 내기 시작합니다. 반복 옹알이를 좀 더 정확한 발음으로 한다고 볼 수 있습니다. '마마마', '바바바' 등의 발음이 좀 더 세지기 때문에 옹알이가 마치 '엄마엄마', '아빠아빠'라고 부르는 것처럼 들리기도 해서, 부모가 아이의 첫말을 듣고 매우 기뻐하는 시기이기도 합니다.

•11~12개월

이 시기가 되면 반복 옹알이가 폭발적으로 증가하고 '엄마', '아빠', '맘마' 등의 친숙한 단어를 정확하게 발음하기도 합니다. 중얼중얼 말하기도 하고 본인만의 감탄사를 내기도 하는 등 이전의 옹알이보다 훨씬 더 다양한 소리를 내고, 사물의 이름도 인식할 수 있습니다. 옹알이에서 말로 넘어가는 중요한 때인 만큼 옹알이에 적극적으로 호응해주면 아이의 언어발달에 큰 도움을 줄 수 있습니다.

우리 아이 💡
언어발달 솔루션

❶ 입술을 사용하도록 도와주세요

생후 6개월 정도의 아이에게 '마마마', '바바바'와 같은 말을 하게 하려면 먼저 입술을 사용하는 방법부터 알려 줘야 합니다. 아이는 어른이 말하는 입 모양을 보고 그 소리를 모방해 따라 합니다. 입술을 사용하는 방법을 천천히 보여주면서 '마마마', '바바바'를 반복해주거나 아이가 '아' 소리를 낼 때 입술을 가볍게 두드려주며 소리가 변하는 것을 느끼게 해줘도 좋습니다. 놀이처럼 흥미를 유발하면서 적극적으로 말을 걸어주면 아이의 언어는 훨씬 더 빠르게 발달할 것입니다.

❷ 적극적으로 호응해주세요

초기 옹알이는 별 뜻 없이 내는 소리지만 이런 소리에도 적극적으로 반응해주세요. 친밀한 상호작용을 통해 아이는 말하기에 흥미를 갖게 됩니다.

아이가 내는 소리를 그대로 따라 하거나 밝은 표정으로 비슷한 소리를 내며 반응해주면, 아이는 부모의 소리를 따라 하며 자연스럽게 언어를 익혀갑니다. 옹알이에 다정하고 따뜻한 목소리로 호응해주면 아이는 큰 안정감을 느낄 수 있습니다.

❸ 옹알이가 끝난 뒤에 반응해주세요

7~8개월이 넘어가면서 아이는 대화하는 방법을 익히게 됩니다. 아이가 옹알이를 하면 소극적으로 반응하지 말고 무슨 뜻인지 해석해보고 대화를 이어가는 게 좋습니다.

"시후 배고파요?"라든지 "시후 재미있구나?" 등의 간결한 질문을 하며 적극적으로 대화를 이어가세요. 단, 대화를 할 때는 반드시 아이의 옹알이가 끝난 후에 반응해야 합니다. 그래야 '상대방의 말이 끝난 후에 내가 말해야 하는구나'라고 대화의 기본기를 체득할 수 있답니다.

❹ 청각적인 자극을 주세요

옹알이를 하는 시기에는 청각도 함께 발달하기 때문에 다양한 소리를 들려주는 것이 좋습니다. 아이에게 말을 걸 때는 되도록 목소리 톤을 높여 적극적으로 호응해주고 이해하기 쉬운 짧은 문장을 사용해주세요.

아이에게 노래를 불러주거나 소리 나는 장난감을 이용해 다양한 소리를 들려주면 아이의 호기심을 더욱더 자극할 수 있습니다. 또한 강아지의 '멍멍', 고양이의 '야옹', 병아리의 '삐악삐악' 등 여러 동물들의 울음소리를 비롯해 빗소리, 나뭇잎 소리, 바람소리 등 자연과 관련된 의성어나 의태어를 많이 들려주는 것도 청각적인 자극을 주기에 매우 좋습니다. 아이는 다양한 소리를 접하며 듣는 것에 흥미를 느끼게 되고, 이는 곧 청력과 언어발달로 이어질 수 있습니다.

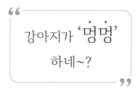

24개월 아이가
아직 '엄마, 아빠'
소리도 못 해요.

❞

우리 아이 괜찮은 걸까요?

우리 지호는 아직 할 수 있는 말이 없습니다. 옹알이를 첫돌 넘어가면서 시작했으니 워낙 늦긴 했죠. 하지만 옹알이에 반응만 잘 해줘도 언어발달이 많이 된다고 해서 '엄마', '아빠', '맘마', '할머니' 등 다양한 단어를 꾸준히 가르쳤어요. 24개월 또래 아이들은 말을 곧잘 하기에 우리 지호만 너무 늦는 건 아닌지 걱정되고 불안해져서 더 열심히 가르쳤습니다. 하지만 지호는 '엄마, 아빠' 소리도 아직 못 해요. 대부분 손으로 가리키거나 잡아끌어 의사 표현을 하고, 여의치 않으면 막무가내로 울고 소리를 질러요. 무언가를 갖고 싶어 할 때 "지호야 그럴 때는 '주세요'라고 하는 거야. 자, '주세요' 해봐"라고 친절하게 알려줘도 절대 따라 하지 않고 떼만 씁니다. 혼도 내보고 달래도 봤지만 결국 말은 한마디도 하지 않고 울기만 해요. 아이는 아이대로 지치고 시키는 부모 입장에서는 답답하고 그저 미안해요. 아이의 첫말은 어떻게 트이게 하는 건가요?

선천적 원인과 환경적 원인이
언어 지연을 만듭니다

언어가 지연되는 원인은 크게 두 가지로 나눌 수 있습니다. 선천적 원인과 환경적 원인입니다. 첫 번째 선천적 원인으로는 인지발달의 지연이나 신체 장애, 청각 등의 감각기관에 장애가 있는 경우를 들 수 있습니다. 또한 엄마, 아빠가 어릴 적 말을 늦게 했다면 아이도 말이 늦는 경우가 종종 있습니다. 특별한 장애가 없음에도 불구하고 아이의 말이 늦다면 부모도 첫말을 늦게 텄던 것은 아닌지 확인을 해보는 것도 좋습니다. 언어발달은 선천적 원인이 가장 크게 작용하기 때문입니다.

두 번째인 환경적 원인으로는 아이의 언어발달에 적절하지 못한 양육환경을 꼽을 수 있습니다. 예를 들어 아이와 양육자 간에 적절한 상호작용이 이루어지지 않을 때 언어발달이 지연될 수 있습니다.

보통 두 돌이 지날 무렵 아이들의 언어발달은 매우 빠르게 이루어집니다. 하지만 아이마다 개인차가 있고 유전적 원인이나 환경에 따라서 발달 속도는 다를 수 있으니 너무 불안해하지 않아도 됩니다. 다만 장애 등의 선천적 원인이 없음에도 아이가 말이 늦다면 전문 기관의 검사를 받아보는 것도 도움이 됩니다. 요즘은 생후 4개월부터 71개월까지 국가에서 '영유아 건강검진'을 시행하고 있습니다. 24개월에 해당되는 영유아 건강검진을 통해 월령에 비해 전체적인 신체 발달이 느린 것인지, 아니면 단순히 언어발달만 느린 것인지 파악할 수 있습니다.

아이의 말이 또래보다 뒤처진다고 느끼면 부모로서 불안한 마음을 갖는 것은 당연합니다. 하지만 이러한 마음은 아이에게 고스란히 전해지며, 아이의 언어발달에는 전혀 도움이 되지 않습니다. 걱정되고 불안한 마음을 아이에게 표출하기보다는 전문 기관의 발달검사나 언어검사를 통해 아이의 상태를 객관적으로 파악해보는 것이 현명한 방법입니다.

행동보다 언어가 더
편하다는 것을 인지시켜 주세요

선천적 원인 때문이 아닌, 아이가 말을 하려는 의지가 없어서 말이 늦는 경우도 있습니다. 말이 아닌 행동만으로도 의사소통이 된다고 생각하기 때문에 굳이 말을 하려고 하지 않는 것입니다. 이런 경우 행동보다 말이 편하다는 것을 알려 줘야 합니다. 아이가 원하는 물건을 달라고 요구할 때, 옹알이 단계에서 할 수 있는 말을 사용해서 요구하도록 만들어보세요.

예를 들어, 물을 달라고 정수기 근처로 잡아 끌 때는 "물?"이라고 아이를 보며 짧은 단어를 말해줍니다. 이때 정확하게 '물'이라고 발음하기를 기다리거나 반복해서 억지로 가르치지 말고 '아', '마', '빠' 등 아이가 할 수 있는 어떤 단어라도 사용했다면 요구를 들어줘야 합니다. 그러면 아이는 소리를 지르며 떼쓰는 행동보다 언어로 요구하는 것이 쉽다는 것을 깨닫게 되어 여러 단어들을 모방하기 시작합니다.

아이가 단어를 모방하기 시작하면 그때부터는 조금씩 문장을 늘려서 말해주고, 입 모양을 따라 할 수 있게 되도록 천천히 말해주는 것이 좋습니다. 단, 몇 번의 반복으로 아이가 갑자기 모방을 하고 말을 하기 시작하는 것은 아니니 너무 조급해하지 않아도 됩니다. 그렇다고 반복적으로 말을 가르치는 것이 도움 되지 않는 것은 아니니 매일, 지속적으로 언어자극을 주도록 하세요. 처음에 "쥐"를 가르치고, 아이가 따라 하게 된다면 다음에는 "맘마 줘"나 "우유 줘" 등으로 점차 확장하면 됩니다.

우리 아이 언어발달 솔루션

❶ 처음에는 단어만 말해주세요

아이에게 처음 언어를 지도할 때 부모의 소리를 모방하도록 가르치는 것은 매우 중요합니다. 하지만 말하는 방법조차 잘 모르고 있을 때는 장황하게 말하기보다는 짧게 단어만 말해서 아이가 부모의 입 모양을 모방할 수 있도록 지도하는 것이 중요합니다. "우리 지호 엄마한테 물 달라고 했어요? 엄마가 물 줄까? 지호야, '엄마, 물 주세요' 해봐"보다는 간결하게 "물?"이라고 천천히 입 모양을 보여주며 단어를 말해주는 것이 훨씬 더 쉽고 도움이 됩니다.

❷ '마', '빠'와 같이 언어를 사용해 요구할 때는 즉각 들어주세요

'물'이라는 단어를 알려줬지만 그 단어를 정확히 발음하지 못한다고 "아니야, 물. 물이라고 해야지. 다시 해봐. 물"이라며 정확한 발음을 강요하면 아이는 언어에 거부감을 갖게 됩니다. 아이가 옹알이 단계에서 할 수 있는 어떤 단어라도 발음했다면, 아이의 요구를 즉각 들어주세요. 부드러운 칭찬과 함께 물을 주며 "그래, 이건 물이야. 물"이라고 천천히 정확하게 발음해주세요. 이때 아이와 눈을 맞추며 입 모양을 천천히 보여주는 게 중요합니다.

❸ 아이가 말이 트였다면 짧은 단어의 조합을 말해주세요

아이가 부모의 입 모양을 보고 소리 내는 방법을 터득했다면 짧은 단어의 조합으로 간결한 문장을 말해주세요. 처음에 "물"이라고 알려줬다면 다음에는 "물 줄게", "맘마 줄게", "우유 줄게" 등을 반복해주고 이후에는 "시원한 물 줄게", "맛있는 맘마 줄게" 등의 간결한 문장으로 확장하는 것이 좋습니다.

"

'엄마, 아빠'는
일찍 했는데
말이 전혀 늘지 않아요.

"

우리 아이 괜찮은 걸까요?

30개월 여자아이 예지의 엄마입니다. 예지가 정확한 발음으로 말을 시작한 건 아마 19개월 무렵이었을 거예요. 또래보다 옹알이도 빨리하고 처음 '엄마, 아빠' 발음을 한 시기도 돌 무렵이어서 모두들 예지는 말이 빠르다고 했죠. 19개월쯤 되었을 때는 거의 정확한 발음으로 '엄마, 아빠'를 또박또박 발음했어요. 그런데 예지는 19개월에서 말이 멈춘 느낌이에요. 동화책이나 교구를 가지고 다양한 단어를 알려줬고, 아이 수준에서 이해할 수 있는 대화도 꾸준히 시도했어요. 하지만 말을 따라 하거나 대답을 하는 일은 단 한 번도 없었어요. 최근에는 오히려 '엄마, 아빠'를 말하는 빈도도 크게 줄어든 것 같아요. 그런데 "여기 앉자, 옷 입자, 엄마랑 같이 갈까" 등의 간단한 문장은 모두 이해하는 것 같아요. 소아과 검진에서도 신체 발달은 정상적인 편이라고 했고요, 사람과의 눈 맞춤도 정상적으로 잘하는 걸로 봐서 상호작용에도 문제가 없어 보이는데 왜 말이 늘지 않을까요?

언어를 이해하는 데는 별다른 어려움이 없으나 언어를 표현할 때
는 어려움을 겪는 아이들이 의외로 많습니다. 예지의 경우 엄마가
하는 말을 대부분 이해하고 행동으로는 잘 따르지만 대답을 하거나
모방하는 모습을 보이지는 않습니다. 이런 경우 아이는 소리를 낼
줄 모르는 것일지도 모릅니다. 따라서 아이에게 소리 내는 방법을
지도해보는 것이 좋습니다.

우리말은 입술, 혀, 목 3가지 발음기관을 사용하여 표현할 수 있
습니다. 12개월쯤이면 '엄마, 아빠' 등의 입술소리를 내고, 18~24개
월쯤이면 /ㅅ, ㄹ/을 제외하고 혀나 목을 이용하는 거의 모든 소리
가 완성됩니다. 30개월임에도 불구하고 '엄마, 아빠'만 말할 수 있는
예지의 경우 입술소리만 표현할 수 있고 혀나 목을 사용해서 말하는
방법을 익히지 못했을 가능성이 매우 높습니다. 즉, 언어의 이해는
가능하지만 말을 산출하는 방법을 몰라 언어 표현이 제대로 되지 않
는 경우일 수 있습니다. 예지처럼 표현이 어려운 아이들은 발음기관
사용법을 꾸준히 지도하고 놀이를 통해 발음기관을 단련시키면 충
분히 좋아질 수 있습니다.

우리말의 혓소리에는 /ㄴ, ㄷ, ㅌ, ㄸ, ㅈ, ㅉ, ㅊ, ㅅ, ㄹ/이 있고, 목
(연구개)소리에는 /ㄱ, ㄲ, ㅋ, ㅎ/이 있습니다. 특정 단어를 반복해서
모방하도록 강요하기보다는 말하는 방법을 보여줌으로써 행동을 모

방하도록 하는 것이 더 효과적입니다.

예를 들어 대답의 말인 /네/를 가르치기 위해서는 소리를 낼 때 혀를 내밀고 반복적으로 깨물어 보게 합니다. '네네네네' 소리가 자연스럽게 산출되기 때문에 쉽게 말이 트이게 됩니다. 또한 혀를 깨문 뒤, 입을 크게 벌리며 소리를 내면 "나!"를 말할 수 있습니다. 이때부터 아이들은 입술뿐만 아니라 다른 발음기관을 사용하여 여러 가지 단어들을 산출할 수 있게 됩니다.

우리 아이 💡 언어발달 솔루션

❶ 말하는 걸 즐기게 해주세요

아이와 하루 최소 30분에서 1시간가량은 대화를 나누는 것이 좋습니다. 무언가를 억지로 가르치려 하지 말고 아이의 눈높이에서 부드럽고 간결한 대화를 지속적으로 나눠보세요. 그리고 엄마, 아빠가 대화를 많이 나누는 모습을 꾸준히 보여주세요. 이렇게 대화에 익숙한 환경을 만들어주면 아이는 단어나 문장 활용법을 자연스럽게 습득할 수 있습니다. 말하기가 '학습'이 아닌 '일상'이라는 것을 아이가 자연스럽게 받아들이도록 환경을 조성하는 것이 가장 중요합니다.

❷ 아이가 발성한 소리를 모방해주세요

어떤 소리라도 아이가 발성한 소리가 있다면 다양한 톤으로 모방해주세요. 아이가 낸 소리를 부모가 다양한 톤으로 따라 하면 아이는 그 반응을 즐거워합니다. 꼭 언어가 아니더라도 아이의 소리 자체를 모방해준다면 부모의 반응이 흥미로워 아이는 다시 소리 낼 가능성이 높아집니다.

❸ 구강 근육을 사용할 수 있는 놀이를 함께해 주세요
비눗방울 놀이, 촛불 끄기, 호루라기 불기, 민들레 씨 불기 등은 입 주변의 구강 근육을 단련시킬 수 있는 놀이입니다. 이러한 놀이를 반복하다 보면 '후' 소리를 내거나 '파' 소리를 낼 수 있게 되고, 구강 근육의 힘을 키울 수 있어 말하기에 도움이 됩니다.

구강 근육을 키우는 놀이

· 촛불 끄기 ·

· 비누 거품 날리기 ·

· 빨대로 거품 만들기 ·

· 호루라기 불기 ·

> **"**
> 아이의 청력이
> 언어발달에
> 영향을 주나요?
> **"**

우리 아이 괜찮은 걸까요?

30개월 여자아이 지은이를 키우고 있습니다. 개월 수에 맞게 옹알이도 하고 발달도 또래 아이와 비교해 크게 뒤처지지는 않았어요. 다만 '엄마, 아빠' 소리를 처음으로 한 게 18개월쯤으로, 그리 빠른 편은 아니었죠. 그런데 아이가 '엄마, 아빠'를 시작한 이후로 새로운 말을 전혀 하지 않습니다. 그저 말이 조금 늦나 보다 생각하고 있었는데 이제 새로운 걱정이 시작되었습니다. 평소 아이가 이름을 불러도 쳐다보지 않을 때가 종종 있었는데 TV나 장난감에 집중해서 그런 줄 알았거든요. 그런데 오늘 어린이집 선생님께서 지은이가 말이 늦는 게 청력이 안 좋아서 그런 것일 수도 있으니 병원에서 검사를 받아보는 게 어떻겠냐고 하시네요. 저는 왜 지금까지 그런 생각을 한 번도 하지 못했을까요? 종일 죄책감이 들고 아이에게 너무 미안했습니다. 청력이 안 좋으면 언어 문제가 나타날 수 있는 것인지, 한 번 안 좋아진 청력은 되돌릴 수 없는 것인지 너무 두렵고 걱정됩니다.

청력에 이상이 있으면
언어발달이 지연됩니다

아이들은 들은 소리나 말을 모방하며 언어를 배우고 다양한 의사소통을 통해 언어발달을 이루어갑니다. 따라서 청력에 이상이 있으면 언어발달에도 문제가 생깁니다. TV 볼륨을 너무 높여 시청하거나, 이름을 불러도 잘 듣지 못하거나, 얘기를 했을 때 "뭐라고요? 네?" 등의 질문을 반복적으로 한다면 청력에 이상이 있는지 의심해봐야 합니다. 그리고 곧바로 병원을 찾아 적절한 검사를 받고 문제가 있으면 그 즉시 치료해야 합니다.

청력에 문제를 일으키는 가장 흔한 원인 중 하나가 중이염입니다. 우리 귀는 외이, 중이, 내이로 구성되어 있는데 이중 가운데 부분인 중이에 염증이 발생하는 것을 중이염이라고 합니다. 중이염은 만 3세까지 70%의 소아가 적어도 1회 이상 앓는다고 알려져 있을 만큼, 아이들에게 흔히 나타나는 질병입니다. 반복적으로 발생한다고 해도 성장에는 큰 영향을 주지 않고, 자라면서는 발병하는 횟수도 점차 줄어듭니다. 그만큼 쉽게 나타나고 또 쉽게 낫는 질병이라 대수롭지 않게 여길 수 있지만, 중이염이 자주 발생하면 만성이 될 수 있고 이는 유소아 난청의 결정적 원인이 될 수 있습니다. 따라서 중이염을 가볍게 여겨서는 절대 안 되고 적극적으로 치료하여 재발이 되지 않도록 주의해야 합니다.

아이의 청력에 이상이 감지된다면 최대한 빠른 시일 내에 치료하며 언어 습득 시기를 놓치지 않도록 하는 것이 좋습니다. 난청은 초반에 잡지 않으면 이후 뒤늦게 보조기기를 착용한다고 해도 정상적인 언어발달을 기대하기 어렵습니다. 따라서 반드시 조기에 청각 보조기구를 착용하고 청능훈련과 언어치료를 병행할 수 있도록 해야 합니다. 청각 장애로 보청기를 착용하여도 청력에 도움이 안 될 때는 와우(달팽이관)에 인공와우를 이식하는 수술을 할 수도 있습니다.

언어치료실에 오는 아이들의 80% 이상은 말을 하려는 의도가 없거나 발음 능력이 부족한 경우로, 청각 문제로 오는 아이는 많지 않습니다. 하지만 앞에서 언급한 것처럼 아이의 청력에 이상이 있는 건 아닌지 의심 된다면 곧바로 병원을 찾아 전문의의 진단을 받고 적극적인 치료를 받아야 합니다. 혹시 난청이 발견되었다면 가능한 빨리 청각 재활을 시작해야 합니다. 청각 재활은 조기 발견이 가장 중요하기 때문입니다.

우리 아이 언어발달 솔루션

❶ 아이의 반응을 관찰하세요

보통 2~3개월에 옹알이를 시작했다면 7~8개월경 '마마마', '빠빠빠' 같은 반복 옹알이를 하게 됩니다. 그런데 청각에 문제를 보이는 아이에게서는 이 단계를 관찰하기 어렵습니다. 아이의 옹알이를 잘 관찰해주세요. 또 엄마의 말 뒤에 '응, 에, 아'와 같은 소리를 내는지도 관찰해주세요. 대부분의 아이들은 엄마, 아빠의 말이 들리면 '응, 에, 아'와 같이 발음하기 쉬운 말로 반응을 보이고 그렇지 않으면 아무런 반응을 하지 않습니다.

❷ 중이염이 발생하지 않도록 주의합니다

중이염을 예방하려면 가급적 6개월까지는 모유 수유를 하는 게 좋습니다. 젖병을 이용해 우유를 먹일 때는 아기의 머리를 배보다 높게 해서 먹여야 중이염을 예방할 수 있습니다.

또 면역력이 낮으면 세균과 바이러스에 대한 저항력이 떨어져 중이염 발생률이 높아질 수 있습니다. 면역력을 높일 수 있도록 영양 관리를 해주고 손을 깨끗이 씻도록 지도해주세요. 담배 연기도 중이염을 일으키는 중요한 원인이 되므로, 아이들이 간접흡연을 하지 않도록 주의해주세요.

우리 아이 셀프 청력 테스트

1세 미만의 영아

항상 그렇다 ···0점 | 50% 정도 그렇다 ···1점 | 가끔 그렇다 ···2점 | 전혀 그렇지 않다 ···3점

테스트 항목	점수
문이 쾅 닫히면 깜짝 놀라거나 울기도 합니다.	
옹알이를 따라 하면 웃거나 반응을 보입니다.	
울고 보채기 시작할 때 목소리만 들려줘도 어느 정도 안정감을 찾습니다.	
목소리를 내거나 박수를 치면 눈이나 머리를 돌려 바라봅니다.	
큰 소리가 나면 잠에서 깨어납니다.	

1세~3세

항상 그렇다 ···0점 | 50% 정도 그렇다 ···1점 | 가끔 그렇다 ···2점 | 전혀 그렇지 않다 ···3점

테스트 항목	점수
이름을 한 번 부르면 반응합니다.	
명칭을 아는 물건을 물어보면 가리킬 수 있습니다.	
같은 연령의 아이와 비슷한 언어발달을 보입니다.	
엄마 말을 따라 할 줄 알거나 엄마 말에 반응을 보입니다.	
TV를 볼 때 볼륨을 작게 하고 봅니다.	

결과 판정

0-5점   청력에 문제가 있을 가능성이 적으니 걱정하실 필요는 없습니다.

6-12점   청력 문제가 걱정된다면 가까운 병원에서 상담을 받아보세요.

13점 이상 청각 장애가 강력히 의심되는 경우입니다. 빠른 시일 내에 이비인후과 전문의를 찾아
           가세요.

" 언어치료를
1년간 받았는데
좋아지지 않아요. "

우리 아이 괜찮은 걸까요?

아이가 어릴 때부터 언어발달이 늦었는데, 병원에서는 신체 발달이나 다른 건 전혀 문제가 없다고 했어요. 그래서 '곧 말하겠지' 하며 기다리다가 도저히 좋아질 기미가 보이지 않아 결국 세 돌 때부터는 일주일에 두 번씩 언어치료실에 다녔습니다. 처음엔 '엄마'밖에 할 줄 몰랐는데 몇 달 다니다 보니 단어를 말할 수 있을 정도가 되었어요. 그렇게 꼬박 1년을 치료받았는데, 아이 상태가 더 이상은 좋아지지 않는 것 같아요. 여전히 몇 가지 단어로만 말하고 문장을 말하지는 못합니다. 어휘도 많이 늘지 않았고요. 인터넷 커뮤니티에 올라온 엄마들 글을 보면 언어치료를 받고 좋아졌다는 얘기가 많아서 희망을 가졌었는데, 단어를 말한 이후로도 계속 제자리걸음인 것 같아 속상합니다. 언어치료실에 다녀도 좋아지지 않는 이유는 무엇일까요? 왜 치료 효과가 없는지 궁금합니다. 아이가 언어치료실에 가는 걸 싫어하지는 않는데, 아이에게 다른 문제가 있는 걸까요?

언어치료에는 부모의 협조가
가장 필요합니다

아이의 언어발달이 지연되면 부모는 애가 타고 걱정이 앞섭니다. 그래서 병원에서 상담도 하고 각종 인터넷과 매체에서 정보를 얻고, 비슷한 걱정을 가진 부모들과 소통하며 정보를 교환합니다. 그리고 최후의 수단으로 언어치료를 선택합니다. 그런데 막상 눈에 띄는 언어치료의 효과를 보지 못하면 크게 실망합니다. 하지만 언어치료를 받고도 아이의 상태가 좋아지지 않는 데는 분명한 이유가 있습니다. 그 이유가 무엇인지 정확하게 파악하고, 교정할 수 있는 문제라면 서둘러 교정할 필요가 있습니다.

우선 첫 번째, 아이에게 자폐 스펙트럼, 청각 장애, 지적장애, 뇌병변 등의 기질적인 장애가 있는 경우라면 치료 효과가 매우 늦게 나타나거나 없을 수도 있습니다. 두 번째, 치료사 선생님과 아이가 맞지 않는 경우도 있습니다. 아무리 유능한 치료사라 해도, 아이가 선생님을 싫어하거나 수업에 들어가기 싫어하면 효과가 떨어질 수밖에 없습니다. 사례 아동의 경우 언어치료실에 가는 걸 싫어하지 않는 것으로 보아 선생님과의 관계에 문제가 있는 것이라고는 할 수 없을 것 같아 보입니다.

마지막으로 언어치료 효과가 나타나지 않는 가장 큰 이유는 부모의 협조가 부족한 경우입니다. 치료사와 일주일에 2시간 만나는 것만으로는 사실 아이가 크게 변하기는 힘듭니다. 부모가 치료사에게 치료방법을 배워서 집에서 복습을 충분히 해줘야 효과를 볼 수 있습니다. 언어는 지속적이고 안정적으로 배울 때 가장 빠르게 발달할 수 있습니다. 따라서 가정에서 꾸준히 지도해주어야 아이의 언어발달에 좋은 성과를 기대할 수 있을 것입니다.

우리 아이 언어발달 솔루션

❶ 아는 단어를 활용하게 도와주세요

새로운 단어를 많이 익히도록 하기보다는 알고 있는 단어를 활용하는 법을 가르쳐주세요. 처음에 아이가 "자동차!"라고 낱말로 말했다면 엄마가 "맞아, 멋진 자동차다. 자동차 타고 싶어? 자동차 밀어줄게. 자동차 타자"라고 자동차로 활용할 수 있는 문장을 만들어 말해주는 것이 좋습니다.

❷ 부모의 인내심이 아이의 발달을 도와줍니다

아이에 따라서는 학습의 속도가 느릴 수도 있습니다. 여러 번 시도한 것이어도 아이는 계속 어려워할 수 있고, 학습을 반복하며 지쳐서 속도가 더 느려질 수도 있습니다. 조바심을 버리세요. 눈에 보이는 수행이 없을지라도 아이는 꾸준히 발달 과정을 수행하고 있는 중입니다. 언어지도를 할 때에는 부모의 인내심 또한 매우 중요합니다.

❸ 아이가 보고 있는 것, 행동하고 있는 것을 말로 해주세요

아이가 무언가를 응시하고 있거나 특별히 행동하고 있는 것이 있다면 그 모습을 즉시 언급해주세요. 예를 들어 아이가 자동차를 보고 있으면 "자동차 있네"라고 말해주고, 아이와 밥을 먹을 때는 "밥 먹자"라고 말해주고, 유치원에 갈 때는 "유치원 가자"라고 말해주세요. 상황에 맞게 즉시 언급해주는 것이 중요합니다. 아이가 아직 문장을 사용하지 못한다면 조사는 빼고 두 개의 어문으로만 말해주는 게 더 쉽습니다. 부모의 꾸준한 말하기로 아이는 언어를 안정적으로 습득할 수 있게 됩니다.

02
언어 고민 상담소

발음이 부정확한
우리 아이,
무엇이 문제일까요?

예전엔 안 그랬는데
말이 늘면서
심하게 말을 더듬어요.

우리 아이 괜찮은 걸까요?

이제 39개월에 접어든 민아는 또래보다 말이 늦은 편이에요. 20
개월이 넘어서도 말이 터지지 않아 제가 육아에 전념하기로 했고,
그 결과 27개월 즈음 말을 시작했어요. 저는 책도 많이 읽어주고
끊임없이 말도 시켰습니다. 아이도 말이 서서히 늘기 시작했고 어
느 순간에는 또래 아이들처럼 말을 잘하는가 싶었죠. 그런데 최근
3~4개월 사이에는 말을 시작할 때 "우우우유 주세요", "사사사탕
먹고 싶어요"처럼 첫 부분에 말을 심하게 더듬어요. 가끔 힘겹게
말하는 아이가 안쓰러워 "우우우…"하고 말을 시작하면 "우유 줘?"
라며 말을 대신해주고, 심하게 더듬을 때는 "더듬지 말고 천천히
얘기해보자"라며 격려해주기도 했어요. 하지만 민아 아빠는 아이
가 말을 더듬을 때마다 "너 계속 말더듬으면 이거 안 준다"라고 혼
내듯 말해요. 말더듬은 유전이라 고치기 힘들다는 사람들도 있고
일시적일 거라는 사람들도 있는데, 우리 아이의 말더듬을 고칠 수
있을까요? 어린이집에서 놀림받지 않을까 고민이 큽니다.

아이의 말더듬은
부모로부터 시작됩니다

말을 편안하게 물 흐르듯 하지 못하는 말더듬 현상은 아직 원인이 뚜렷하게 밝혀져 있지는 않지만 여러 가지 복합적 원인에 의해 나타나는 것으로 보고 있습니다. 주로 말이 폭발적으로 증가하는 만 2세~5세에 처음으로 발견되는 경우가 많은데, 유전적 원인, 언어 및 심리적 원인, 환경적 원인 등에 의해 나타납니다. 특히 유아기에 말을 더듬는 경우는 언어 및 심리적 원인과 환경적 원인이 가장 크다고 할 수 있습니다.

일반적으로 아이들이 많은 양의 어휘를 습득하게 되는 시기는 생후 18~24개월인데, 이 시기를 '어휘 폭발기'라고 합니다. 어휘 폭발기에는 아이들의 어휘가 급격히 증가하지만 말소리, 음절, 낱말을 조합해 산출해내는 능력은 상대적으로 떨어져 말을 더듬는 현상이 나타나기 쉽습니다. 아직 걸음마 단계에 있는데 뛰거나 빠르게 걸으려고 할 때, 넘어지게 되는 것과 같습니다.

이 시기에 나타나는 말더듬은 자연스러운 현상이기 때문에 부모가 어떻게 대처하느냐에 따라 그 예후가 매우 달라집니다. 부모가 아이에게 너무 유창한 표현을 강요하거나, 빠른 답변을 요구하거나, 말을 유창하게 이어가지 못할 때 바로바로 지적한다면, 아이의 말더듬 현상은 더욱 두드러지게 되고 결국 문제가 되는 비정상적인 말더듬으로 발전할 위험성이 큽니다.

언어발달의 걸음마 단계에서 하나의 문장을 산출해내는 것은 아이들에게 결코 쉬운 일이 아닙니다. 마치 연산문제를 풀어내듯 아이들은 머릿속에서 할 말을 조합하고 이것을 호흡, 발성, 발음기관의 근육 운동을 통해 말로 산출해내게 됩니다. 말을 시작한 지 불과 몇 개월밖에 되지 않은 아이들에게 이 과정이 힘든 건 당연한 일입니다. 부모는 이런 아이를 이해해주고, 그저 조금 더 기다려주고, 자연스럽게 대하며 긍정적 영향만 주면 됩니다.

우리 아이 언어발달 솔루션

❶ 아이에게 말더듬을 인식시켜서는 안 됩니다

언어가 발달하고 있는 시기에 나타나는 말더듬은 아이가 인식하기 시작하면 급격히 나빠지는 특성이 있습니다. 따라서 아이가 인식하지 못하도록 하는 것이 가장 중요합니다. 만약 아이가 스스로의 말더듬을 인식하지 않고 편하게 더듬다 보면 자연회복이 일어날 가능성이 매우 높습니다. 하지만 민아의 경우, 말더듬이 나타나자 부모님은 말을 더듬지 말라는 식으로 아이에게 부담을 주었습니다. 긍정적이든 부정적이든 어떠한 형태로든 아이에게 말더듬을 인식시켜서는 절대 안 됩니다. 아이가 자신이 말을 더듬는다는 것을 인식하게 되면 말에 부정적인 감정이 생겨 더욱 더듬게 되고 말하는 것 자체에 부담을 느끼게 되니 주의해야 합니다.

❷ 아이가 자주 더듬는 말을 고쳐주려 하지 마세요

아이가 자주 더듬는 말을 할 때 유심히 지켜보며 바로바로 지적하고 고쳐주려 한다면 아이는 그 단어를 회피하거나 더듬지 않으려 다양한 신체 표현을 하게 됩니다. 예를 들어 눈을 심하게 깜빡이거나 얼굴 표정이 굳어지게 되는 등 또 다른 문제를 야기할 수 있으니 아이의 문제점을 지적하고 고쳐주려 시도하지 마세요.

❸ 아이의 말이 끝날 때까지 끼어들지 마세요

아이가 말하는 게 답답하더라도 중간에 끼어들지 말아야 합니다. 민아의 경우 '우유'라는 단어를 말하기도 전에 부모가 먼저 "우유 줘?"라는 문장을 말하면서 아이 스스로 말할 기회를 차단해버렸습니다. 이렇게 되면 아이는 자신이 스스로 머릿속에서 말을 조합해낼 필요가 없어집니다. 또 여러 과정을 거쳐 힘들게 말을 산출할 필요가 없기 때문에 말수가 줄어들거나 반대로 엄마보다 먼저 말하려고 더 조급함을 갖게 될 수 있습니다. 아이가 더듬어도 신경 쓰지 말고 아이의 말이 끝날 때까지 기다려주세요.

"
발음이 부정확해서
무슨 말을 하는지
잘 모르겠어요.
"

우리 아이 괜찮은 걸까요?

40개월에 접어든 한결이는 첫말을 늦게 시작한 편이었어요. 하지만 20개월이 넘어서니 말이 폭발적으로 늘어 지금은 문장으로 자기 표현을 다 하고 있습니다. 문제는 발음이 부정확해서 무슨 말인지 도무지 알 수 없다는 것입니다. "할아버지 라디오 들어요?", "사탕을 선물로 받았어요", "수영하는 거 시원해요" 등의 문장이 되면 대부분 알아들을 수 없습니다. 특히 /ㄹ, ㅅ, ㅈ/이 들어가는 단어를 제대로 발음하지 못합니다. 사과는 따과, 수영은 두여, 할아버지는 하아버디, 자동차는 다도타, 라디오는 아디오 등으로 발음합니다. 특히 받침이 있는 문장은 거의 알아듣기 어렵습니다. 그러니 주변 사람들도 한결이 말에는 몇 번씩 되묻게 되고, 엄마인 저도 자꾸 되물으니 한결이 스스로도 답답해하는 것 같습니다. 혹시 그러다 자신감을 잃고 말하는 것 자체를 싫어하면 어쩌나 걱정도 되고, 발음 때문에 친구들에게 놀림을 받지는 않을까 걱정입니다.

발음 문제가 지속된다면
전문가를 찾아가야 합니다

또래보다 첫말이 늦은 한결이는 언어발달이 늦게 이루어진 케이스입니다. 게다가 발음의 발달이 늦은 것으로 보아 아직까지 조음의 발달도 완전하게 이루어지지 않았음을 짐작할 수 있습니다. 만약 발음이 제대로 되지 않는 상태를 그대로 방치한다면 또래 아이들과 비교해 언어발달상의 격차가 생기고, 아이는 심리적으로 위축될 수 있습니다. 따라서 또래 대부분이 정확하게 발음하는 단어를 잘 발음하지 못하는 등 발음 문제가 지속적으로 나타난다면 전문 기관을 찾아 언어발달 상태를 체크해 보아야 합니다.

현재 발음이 정확하지 않더라도 조금씩 나아지는 중이라면 큰 문제가 되지 않지만 생후 36개월 이후에도 제대로 발음되지 않는 음소가 많다면 조음장애일 확률도 배제할 수는 없습니다.

조음장애란 발음이 정확하지 않거나 전혀 다른 소리로 대치되어 나타나는 현상을 말합니다. 예를 들어 '사탕'을 '아타'로 발음하거나 '가방'을 '가바'로 발음하는 등 특정한 음소를 생략하는 경우, 또 '자동차'를 '다도타', '사과'를 '다과' 또는 '자과' 등으로 발음하며 한 음소를 다른 음소로 대치하는 경우 조음장애로 진단할 수 있습니다.

조음장애를 진단할 때 연령은 중요한 기준이 되는데, 그 이유는 연령에 따른 신체 발달이 점차적으로 이루어지는 것처럼 발음에도 연령별 발달 순서와 시기가 있기 때문입니다. / ㅁ, ㄴ, ㄷ, ㄸ, ㅂ, ㅃ,

ㄱ, ㄲ/은 만 2세경에, /ㅍ, ㅌ, ㅋ, ㅎ/은 만 3세경에, /ㅈ, ㅉ, ㅊ/은 만 4세경에, 받침 /ㅁ, ㄴ, ㅇ, ㅂ, ㄷ, ㄱ, ㄹ/은 만 5세경에, /ㅅ, ㅆ/은 5세 이후에 발달하는 것이 일반적입니다. 따라서 만 5세가 되지 않은 아이가 사탕, 사과 발음을 제대로 하지 못한다고 해서 모두 조음장애로 단정 짓기에는 무리가 있습니다. 다만 만 6세가 넘어서도 잘못된 발음을 지속한다면 조음장애 가능성을 고려해봐야 합니다.

아이들의 발음 문제를 부모들이 의외로 크게 걱정하지 않는 경우가 많습니다. 그러나 '발음은 크면서 자연스럽게 좋아진다'라고 생각하는 것이 어쩌면 가장 위험한 생각이 될 수 있습니다. 잘못된 발음은 그 발음을 만들어내는 방법 자체가 잘못된 경우가 많기 때문에 반드시 교정이 필요합니다. 만약 그러한 교정이 제때, 제대로 이루어지지 않는다면 잘못된 발음이 고착화되어 성인이 되어서도 교정되지 않을 우려가 매우 큽니다. 따라서 아이가 36개월이 지난 시점에도 발음이 부정확하다면 전문가에게 발음치료를 받고 그 치료방법을 가정에서도 꾸준히 병행해야 합니다.

우리 아이 💡 언어발달 솔루션

❶ 아이가 어려워하는 조음 목록을 만들어보세요

특정 음소를 특정한 음으로 바꾸어 말하거나 아예 생략하는 경우 발음에 문제가 생깁니다. 이런 잘못된 발음은 대부분 일정한 패턴을 가집니다. 아이가 반복적으로 발음하지 못하는 단어 목록을 모두 적어보고, 같은 음이라도 어떤 위치에서 제대로 발음하지 못하는지 파악해보는 것이 좋습니다. 이렇게 목록을 만들어두면 전문 기관을 찾았을 때 진단과 치료가 훨씬 더 빨라질 수 있습니다.

❷ 잘못 조음된 음소를 수정해주세요

아이가 /ㅅ/을 /ㄷ, ㄸ/으로 발음한다면 /ㅅ/과 모음/ㅣ/가 결합된 소리로 교정하는 것이 가장 쉽습니다. 시소, 시계, 시장 등으로 먼저 연습하고, 익숙해지면 식탁, 신발, 신문 등 받침을 넣어 난이도를 높여가면 됩니다. 우선 시소를 태워주며 자연스럽게 엄마가 질문을 합니다. "이게 뭐야?"하고 물었을 때 아이가 "띠또" 하고 대답하면 "아니, 시소"라고 천천히 발음하는 입 모양을 보여주면 됩니다. 다른 단어들도 같은 방법으로 연습시킵니다.

❸ 아이가 어려워하는 음소가 들어간 의성어, 의태어를 반복시키세요

제대로 발음되지 않는 음소가 들어간 의성어나 의태어를 반복적으로 연습하게 합니다. 예를 들어 /ㅅ/ 발음이 어렵다면 '삭삭삭, 소곤소곤, 슛, 살살, 살금살금, 슝' 등의 재미있는 의성어와 의태어를 말해보게 합니다. 그 단어들을 발음하는 데 익숙해지면 "살금살금 들어왔어요", "친구랑 소곤소곤 이야기해요" 등의 간단한 문장을 말해보게 하는 것도 좋습니다.

❹ 받침소리를 잘 내는지 확인해보세요

문장에서 받침소리를 제대로 내지 못할 경우 문장 자체가 전부 깨져서 의사소통이 어려워집니다. 따라서 아이가 말을 할 때 받침을 제대로 발음하는지 유심히 살펴보세요. 만약 받침을 생략한다면 받침을 발음하는 방법을 지도해야 합니다. 처음부터 문장으로 연습하면 아이가 어려워하거나, 힘들다고 포기하려 할 수 있습니다. 따라서 먼저 단어를 연습하고 점차 문장으로 만들어 발음하는 방식으로 난이도를 높이면 효과적입니다. 예를 들어 "할아버지가 병원에 자동차를 타고 갔어요"와 같은 문장으로 연습을 한다면, 우선 '병원, 할아버지, 자동차, 갔어요'를 따로 연습하고 이후에 문장을 조합해서 연습하게 하면 됩니다.

"
말을 할 때 감탄사를 많이 사용해요.

"

우리 아이 괜찮은 걸까요?

지은이는 올해 5살이 되었어요. 아이가 말을 더듬지는 않지만 "어 ~ 있잖아~ 그러니까~ 음~ 그거~ 어~" 이런 감탄사들을 지나치게 많이 사용하는 것 같아요. 또래 친구들을 보면 "음~" "어~" 정도는 사용하는 것 같은데 지은이는 한 문장을 말할 때 이미 3~4가지의 감탄사를 사용하고 문장의 중간중간에도 항상 감탄사를 사용합니다. 얼마 전 키즈 카페에서 친구들과 노는 모습을 지켜봤는데 친구 중 한명이 "지은아 빨리빨리 좀 말해. 답답해!"라고 말하는 것을 들었습니다. 충격적이었죠. 아이들도 지은이 말이 느리고 답답하다고 느끼나 봐요. 한번은 지은이가 말을 시작하며 "어~"라고 할 때 저도 모르게 너무 속상해서 짜증을 낼 뻔한 적도 있습니다. 아이가 말을 유창하게 하지 못하는 걸 스스로 인식하게 되면 안 된다는 말을 어디서 들은 것 같아서 교정해주지도 못하겠어요. 그런데 앞으로도 계속 저런 식으로 말을 하면 어쩌나 걱정이 큽니다.

감탄사는 말더듬을 감추려는
수단일 수 있어요

감탄사는 부름, 응답 등을 나타내는 말의 부류로 아이들이 문장에 감탄사를 자주 쓰는 데는 여러 가지 이유가 있습니다. 그중에서 가장 큰 이유는 말할 시간을 벌기 위해서입니다. 아이가 말을 할 수 있는 능력보다 높은 수준의 말을 하려고 할 때 몸에서는 과부하가 일어납니다. 즉, 아이는 필요한 단어를 바로바로 조합하지 못해 '어', '음' 등의 감탄사를 사용하며 시간을 버는 것입니다. 이때 몇 개의 문장을 이어 말할 때 한두 번의 감탄사를 사용하며 시간을 버는 것은 그리 큰 문제가 되지 않습니다. 하지만 한 문장을 얘기할 때 시작부터 여러 가지 감탄사를 돌려 말하며 시간을 끈다면 유창성 장애(말더듬)를 의심해볼 필요가 있습니다.

감탄사 사용은 일반인들에게서 종종 나타나기도 하는데 주로 습관적인 형태로 사용되는 경우가 많습니다. "진짜?", "정말?", "아~", "네네" 등이 별 의미 없이 호응하며 자주 사용하게 되는 대표적인 감탄사입니다. 하지만 아이들이 감탄사를 사용하는 것은 주로 말더듬 증상이 있어서일 때가 많습니다. 혹시 아이가 말더듬은 없어도 감탄사를 많이 사용한다면, 이전에 말더듬 증상이 있지는 않았었는지도 확인해봐야 합니다. 말더듬을 치료한 것 같지만 감탄사 뒤에 말더듬 증상을 숨기고 있는 경우도 있기 때문입니다.

아이가 이전에 말더듬을 겪지 않은 상태라면 잦은 감탄사 사용은 일반인들이 사용하는 습관적인 형태일 수 있습니다. 반면에 이전에 말을 더듬었던 경우라면 현재 사용하는 감탄사는 말더듬의 수반 행동일 가능성이 많습니다. 다시 말해, 말더듬 증상이 있지만 겉으로 드러내지 않으려 감탄사를 사용한다고 봐야 합니다. 이 경우 아이 스스로 말더듬을 의식하고 있는 경우가 많기 때문에 반드시 전문가를 찾아 상담을 받아야 합니다.

감탄사를 많이 사용하는 아이를 다그쳐 갑자기 감탄사를 사용하지 못하게 막으면 대부분은 즉각적으로 말더듬 증상(말의 반복, 연장, 막힘 등)을 보입니다. 그 때문에 이런 말더듬 증상을 숨기기 위해 아이는 또 다른 회피행동을 하게 될 수도 있습니다. 단어를 아예 다른 단어로 바꾸어 말하거나 말수가 급격하게 줄어드는 행동 등을 보이는 것입니다. 또 이러한 회피행동을 보인다는 것은 아이가 이미 말더듬을 부정적으로 인식하고 있다는 뜻입니다. 긴장과 스트레스 상태가 지속되면 말더듬의 교정이 더욱 어려워지기 때문에 과도한 감탄사를 사용할 경우 무조건 막기보다는 전문가를 찾는 것이 바람직합니다.

우리 아이 🎤 언어발달 솔루션

❶ 감탄사를 사용할 때 다그치지 마세요

자신의 말에 가족들이 진지하고 관심 있게 여유를 가지고 들어주면 아이는 심리적으로 안정되고, 언어 유창성도 증진합니다. 아이가 감탄사를 사용할 때 빨리 말하라고 서두르기보다는 여유를 가지고 조금 기다려주세요.

❷ 감탄사를 자주 사용할 때는 3초간 쉰 다음 말하게 해주세요

"어~ 그러, 음 그러니까"와 같이 말을 시작하기 전 세 번 이상 감탄사를 사용한다면 비정상적인 것이라고 보면 됩니다. 그럴 때는 말을 시작하기 전에 3초 정도 여유를 갖고 시작하게 하거나 말과 말 사이에도 충분히 쉴 시간을 줘서 유창하게 말하는 연습을 할 수 있도록 도와주어야 합니다.

❸ 첫음을 길게 산출할 수 있도록 도와주세요

"어~엄마 이거 좀 주세요", "유~치원에서 밥 먹고 왔어요"와 같이 첫음을 1초 정도 연장하여 말하도록 연습을 시켜주세요. 말더듬의 문제를 보이는 아이들의 특징은 첫마디를 꺼내는 데 어려움을 보인다는 것입니다. 그래서 첫음을 연장하여 다소 편안하게 말을 시작하는 연습이 필요합니다.

"
특정 발음을
하지 못해요.
"

우리 아이 괜찮은 걸까요?

6살 시은이는 어려서부터 /ㄱ/ 발음을 제대로 하지 못했어요. 그래서 친구를 '친두', 고구마를 '도두마', 카메라를 '타메라'라고 발음했거든요. 처음에는 아이니까 발음이 부정확할 수도 있겠다고 생각했고 귀여운 발음 때문에 심각성을 전혀 느끼지 못했어요. 주변에서는 크면서 좋아질 거라고 많이 얘기했고요. 그런데 크면서도 계속 /ㄱ/ 발음을 제대로 하지 못했고, 여러 번 고쳐주려 시도했지만 결국 고쳐지지 않았습니다. 얼마 전에는 시은이 유치원 선생님이 아이의 발음 때문에 의사소통에 어려움이 있으니 발음 교정을 받아보는 것이 어떻겠냐고 말씀하셨어요. 오래전에 굳어진 발음은 교정이 어려울 것이라며 전문가의 도움을 받아보라고 하시더라고요. 그런데 시은이는 /ㄱ/ 발음을 제외하면 다른 발음들은 잘하고 문장력이나 어휘력 등에도 문제가 거의 없는 것 같거든요. 그래도 꼭 전문 기관에서 교정을 받아야 할까요? 집에서 교정해줄 방법은 없을까요?

소리 내는 방법을
익혀야 해요

구강구조에 특별한 문제가 없음에도 불구하고 특정 발음이 되지 않는다면 발음하는 방법을 몰라서 그런 경우가 대부분입니다. 시은 이의 경우는 /ㄱ/ 발음을 오랜 기간 다른 음소로 대치해 사용해왔는데, 교정을 시도하지 않아 결국은 잘못된 발음이 그대로 고착화된 것으로 보입니다. /ㄱ, ㄲ, ㅋ/ 계열은 대부분 일찍 습득하기도 하지만 /ㅅ, ㅆ/ 계열과 마찬가지로 만 5~6세에 완전히 습득되는 편입니다. 따라서 만 5~6세 이전에 꾸준히 발음법을 익혀왔다면 교정이 훨씬 더 쉬웠을 것입니다.

만약 아이가 특정 발음을 하지 못하고 자꾸 다른 발음으로 대치한다면, 가장 먼저 해야 할 일은 아이가 이해할 수 있도록 발음하는 방법을 가르쳐주는 것입니다. 그다음 정확한 발음을 만들 수 있도록 단어와 문장을 반복해서 연습해야 합니다. 6세가 되면 발음의 형태가 고착화되는 시기이므로 이때 적극적으로 교정하지 않으면 잘못된 형태의 발음이 성인이 되어서까지 굳어질 수 있습니다. 따라서 이 시기에 정확한 발음법을 익히고 필요시 전문 기관을 찾아 교정해야 합니다.

얼마 전 39개월 여아에 대한 언어 상담을 진행했습니다. 아이에게는 특정 발음을 제대로 하지 못하는 문제가 있었습니다. 아이는 /ㄱ, ㅂ/을 발음하지 못하는 것은 아니었는데, /ㅂ/이 /ㅑ, ㅕ, ㅛ, ㅠ/ 등의 이중모음과 만났을 때는 /ㅂ/을 /ㄱ/으로 대치해 발음하는 현상을 보였습니다. 34개월 정도부터 계속 병원을 경원, 별밤을 결밤, 별로를 결로, 알러뷰를 알러규, 병아리를 경아리로 발음해 부모가 꾸준히 교정을 해주었는데, 아이가 점점 거부감을 표시하며 단어 자체를 회피하는 경향을 보인다는 것이었습니다.

이 경우는 이중모음 발달이 늦어서 그럴 가능성도 배제할 수 없습니다. 우선 이중모음으로 조합된 음절을 강조해서 들려주고 모방하도록 유도하는 방법을 사용해 봐야 합니다. 자주 연습했던 병아리, 병원 등의 단어는 아이가 이미 거부감을 가지고 있기 때문에 당분간 사용하지 말고 야구, 샤워, 겨울, 요리, 유리 등의 새로운 단어로 연습을 시도합니다. 예를 들어 '야구'라는 단어에서 '야' 음절을 반복적으로 들려주고 따라 하도록 합니다. 이렇게 이중모음을 우선적으로 연습시킨 후, 자연스럽게 문장을 만들어 대화를 시도합니다. 이중모음이 익숙해졌다면 이제 /ㅂ/을 제대로 발음하는 정확한 방법을 익히도록 해야 합니다.

특정 발음을 제대로 하지 못한다고 해서 무조건 발음법부터 가르치고 이것을 지속적으로 반복시키다 보면, 아이들은 문제의 단어를 아예 말하려 하지 않을 수 있습니다. 문장에서 그 단어를 말해야 할 때 아예 빼고 말을 하거나, 얼버무리거나, 심한 경우 말을 더듬거나, 아예 말하는 것 자체를 거부할 위험도 있습니다. 따라서 교정 방법은 전문가와 상의하는 것이 가장 바람직하고, 아이가 거부감을 갖지 않도록 지나치게 반복 학습을 시키지 않는 것 또한 중요합니다.

우리 아이 💡
언어발달 솔루션 _____

❶ /ㄱ/ 소리 내는 방법을 연습시키세요

/ㄱ/ 발음에 대해서 부모가 먼저 이해하는 것이 중요합니다. 직접 '가, 거, 고, 구, 기'를 천천히 발음해보세요. 이 소리들은 목구멍을 막았다가 터지면서 나는 소리들입니다. 즉 '친구'를 '친두', '고구마'를 '도두마'와 같이 /ㄷ/으로 대치하는 것은 목구멍을 안 쓰고 혀를 써서 발음에 오류가 발생했기 때문입니다. 따라서 입을 벌리고 목을 꽉 막았다가 터트리는 '악까악까악까'와 같은 발음을 반복적으로 하며 그 방법을 익히도록 하는 것이 중요합니다. 아이와 함께 발음해보며 직접 목을 붙였다가 떼어야 /ㄱ/ 소리가 난다는 것을 시각적으로 지도해주면 됩니다.

❷ /ㅂ/ 소리 내는 방법을 연습시키세요

'병아리'를 말할 때 입술을 꼭 다문 상태를 보여준 후 입을 크게 벌리며 큰 소리로 '병'을 발음해줍니다. 반복적으로 들려주며 아이가 보고 모방할 수 있도록 합니다. 소리만 듣고 단어를 따라 하기보다는 직접 시각적으로 발음법을 보며 음절만 따라 하는 것이 훨씬 더 익히기 수월합니다. 아이의 손등이나 티슈에 대고 '병'을 발음하며 공기가 세게 나온다는 것을 인지시키는 것도 좋은 방법입니다.

❸ /ㄹ/ 소리 내는 방법을 연습시키세요

/ㄹ/ 소리는 아이들이 내기 힘든 발음 중 하나입니다. 특히 가장 많이 쓰는 '빨리'라는 말을 할 때 "엄마 빠이 가자"와 같이 /ㄹ/을 생략해버리는 경우가 많습니다. 이와 같은 경우 혀만 올렸다 내리면 정확한 발음이 가능합니다. 먼저 /빠/ 소리를 발음한 후 /아/ 소리를 내며 혀를 입천장까지 올리면 자연스럽게 /알/ 소리가 납니다. 이때 올라간 혀를 내리면서 /리/ 소리를 발음하는 연습을 합니다. /빠알리/를 반복 연습하여 익숙해지면 /빨리/를 완성할 수 있습니다.

> **" **
> # 글은 아는데
> # 책을 읽으면 말을 더듬거나
> # 아예 읽지 못해요.
> **"**

우리 아이 괜찮은 걸까요?

올해 7살이 된 지훈이는 한글을 빨리 익힌 편이었어요. 4살 때부터 한글을 읽기 시작해 6살 때는 대부분의 책을 술술 읽을 수 있는 정도가 되었죠. 모든 단어나 문장을 이해하는 것은 아니지만 최근에는 고학년 국어책도 어려움 없이 읽어요. 그래서 당연히 학교에 가면 잘할 줄 알았습니다. 그런데 얼마 전부터 문제가 나타나기 시작했어요. 전에는 그러지 않는데 큰 소리로 책을 읽어보라고 하면 조금씩 더듬기 시작하고 특히 첫음절을 유난히 더듬더라고요. 더듬지 말고 또박또박 읽으라고 몇 번 주의를 줬는데 이제는 책 읽기를 시키면 몸이 굳은 것처럼 긴장하면서 아예 소리를 내지 못해요. 왜 그러냐고 물어도 보고 조금 쉬었다 읽으라며 달래보기도 했지만, 아이는 여전히 책만 읽으라고 하면 몸과 표정이 굳고 결국 "못 읽겠어요"라고 말하며 울음을 터뜨립니다. 곧 학교에 가야 하는데 책을 영영 읽지 못하면 어쩌나 걱정이 돼요. 어떻게 하면 아이가 책 읽기를 두려워하지 않을까요?

책 읽는 시간이
부담이 되어서는 안 됩니다

아이가 한글을 깨치고 한 글자씩 또박또박 글을 읽기 시작하면, 부모는 아이가 마냥 대견하고 기특하게 느껴집니다. 한글을 깨치는 시기가 이르면 이를수록 부모의 기대는 더욱 높아지고 결국 욕심도 점점 커지게 됩니다. 하루에 20분 정도 읽던 책을 30분 읽게 하고, 눈으로 보며 조용히 읽던 책을 이제는 소리내어 크고 또박또박 읽어보라고 시킵니다. 그리고 좀 더 어렵고 많은 글을 술술 읽게 되길 바라고, 틀린 부분은 바로바로 고쳐주기도 합니다.

"자, 이제 큰 소리로 또박또박 읽어보자."

"아니야, 틀렸잖아. 다시 읽어봐."

"왜 더듬어? 자, 더듬지 말고 그 부분 다시 읽어볼래?"

아이는 엄마가 읽어주던 동화책을 스스로 읽으며 칭찬받는 것이 즐거웠고, 동화책에 나오는 동물들의 이야기가 궁금했을 뿐입니다. 그런데 이제 책을 읽으면 엄마가 자꾸 간섭하고, 지적하고, 때론 다그친다는 것을 아이 스스로 느끼게 됩니다. 아이는 곧 책을 읽는 시간이 더 이상 즐겁지 않고, 힘겹고 두려운 시간이라고 인식하게 됩니다. 아이에겐 즐거운 마음으로 시작한 책 읽기가 싫고 재미없는 시간이 될 수밖에 없다는 얘기입니다.

지훈이의 경우도 마찬가지입니다. 부모의 호응에서 시작된 책 읽기지만 틀리면 바로 지적받는 과정이 반복되다 보니 지훈이에겐 언제부턴가 책 읽는 시간이 큰 부담과 압박으로 느껴졌을 가능성이 매우 큽니다. 이런 과정에서 유창하게 읽기가 불가능해지면서 전에 없이 말을 더듬는 현상이 나타나게 된 것입니다. 그러다 보니 첫음절을 산출해내는 게 어려워지며 책 읽기 자체가 불가능해진 것으로 보입니다.

이런 경우 역시 말더듬 현상에 포함된다고 봅니다. 말을 더듬는 아이들은 대부분 첫음절의 산출을 매우 어려워하기 때문에 책을 읽을 때 시작부터 숨이 막히는 것처럼 몸이 굳어지거나, 첫음절을 반복하여 더듬는 경우가 발생하게 됩니다.

이런 상황에 놓인 아이를 데리고 상담실을 찾는 부모님들에게 말더듬에 대해 이야기를 꺼내면 "우리 아이는 원래 말을 더듬지 않아요" 하며 놀라는 분들이 많습니다. 하지만 말더듬은 말을 하기 시작하는 순간부터 나타나는 것이 아니라, 말을 더듬게 되는 환경에 노출되거나 잘못된 습관 등으로 인해 점차적으로 나타날 수도 있습니다. 심지어 성인이 된 후에 없던 말더듬 증상이 나타나는 경우도 간혹 있습니다. 즉, 아이가 말을 더듬는 증상이 없었더라도 잘못된 책 읽기를 통해 증세가 생겼을 가능성도 배제할 수 없다는 것입니다.

따라서 아이에게 책 읽는 것 자체가 부담이 되게 해서는 안 됩니다. 4세~5세의 아이들은 대부분 부모가 책을 읽어주고 본인은 감상하는 입장이 되는데, 그러면서 책 읽기에 관심을 두기 시작합니다. 아이가 호기심이 왕성해지는 시기이기 때문에 재미있는 의성어나 의태어가 반복되는 책을 운율을 살려서 읽어주면 아이의 집중력도 높일 수 있습니다. 구연동화처럼 정확한 발음과 생동감 넘치는 표현으로 책을 읽어주면 아이가 책 읽기에 대한 부담감을 덜고 그 자체를 놀이로 인식할 수 있습니다.

6세~7세가 되면 책을 스스로 읽으면서 독서에 대한 자신감을 얻게 됩니다. 이때 운율을 충분히 느낄 수 있는 동시, 우화, 옛날이야기 등 쉽고 재미있는 책을 읽도록 해서 부담감을 덜어주어야 합니다. 고학년의 교과서를 학습 목적으로 읽게 하는 것은 좋지 않습니다. 이 시기에는 정서적 안정을 돕고, 교훈을 얻게 하고, 자신감을 길러준다면 그걸로 독서의 목적은 충분합니다. 주인공의 재미있는 에피소드가 담긴 책을 읽게 해주세요. 또 아이들이 하기 쉬운 실수나 일상의 유쾌한 이야기 등을 소재로 한 책도 좋습니다.

아이가 책을 읽을 때 더듬거나 제대로 못 읽는 것을 곧바로 지적하거나 다그치지 말아야 합니다. 이는 아이에게 책 읽는 시간을 부담스럽게 만들 뿐 아니라 아이 스스로 말더듬을 인식하게 만들어, 책 읽기에 대한 거부감만 키울 뿐입니다.

우리 아이 언어발달 솔루션

❶ 책을 읽을 때 첫음절을 길게 말하도록 해주세요

책을 읽을 때 더듬는 아이들을 보면, 첫음절만 더듬고 뒤에 말들은 유창하게 하는 모습을 확인할 수 있습니다. 즉, 첫음절만 무사히 지나가면 큰 문제없이 책을 읽을 수 있다는 것입니다. 따라서 첫음절을 길게 말하는 방식으로 문장을 읽게 하면 교정이 가능합니다.

나아~무에 올라가서 비행기를 꺼냈어요.
어~엄마가 요리를 해줬어요.

❷ 첫음절에 악센트를 줘서 읽도록 해주세요

첫음절에 강한 악센트를 줘서 소리를 내면 그다음 문장을 자신감 있게 말할 수 있습니다. 이 역시 첫음절만 무사히 지나가도록 만드는 교정 방법입니다.

예를 들어 '엄마가 요리를 해줬어요'라는 문장이라면 가장 첫음절인 '엄'자에 악센트를 줘서 큰 소리로 읽는 것을 반복하게 합니다. 그러면 뒤에 따라오는 문장을 좀 더 쉽고, 재미있고, 자연스럽게 읽을 수 있습니다.

나!무에 올라가서 비행기를 꺼냈어요.
엄!마가 요리를 해줬어요.

❸ 동화책의 단어 찾기 놀이를 함께해 주세요

아이가 책 읽기를 거부하게 된 상황이라면, 다시 책 읽기를 재미있는 놀이로 느끼게 하는 것이 중요합니다. 비교적 한글 부담이 적은 그림책이나 동화책을 아이가 읽고 싶은 방식으로 읽게 합니다. 이때, 부모는 아이의 책 읽기에 절대 간섭하지 말고 그냥 지켜보면 됩니다. 만약 아이가 혼자서 책 읽는 것을 어려워한다면, 부모가 책을 읽어주고 책에서 고른 단어를 아이에게 찾도록 하는 '단어 찾기 놀이'를 진행하는 것도 큰 도움이 됩니다.

오늘 읽은 동화책에서
'구름, 이슬, 오리, 벌레, 나무'를 찾아보자.

좋아! 이번에는 네가 말한 단어를 엄마가 찾아볼게.
엄마한테 문제를 내줄래?

03
언어 고민 상담소

표현이 미숙한
우리 아이가
걱정이에요

“
다 알아듣는 것 같은데
말을 잘 하지 않아요.
”

우리 아이 괜찮은 걸까요?

30개월 다은이 엄마예요. 저희 다은이는 "다은아, 리모컨 가지고 와~", "엄마 핸드폰 가져다 줄래?" 하고 말하면 거의 알아듣고 심부름도 잘해요. 말을 대부분 알아듣는다고 봐야죠. 하지만 아는 것을 말로 하지는 않아서 걱정이에요. 제가 예전에 보육교사로 일한 적이 있어서 아이들에게 언어를 가르칠 때처럼 다은이에게 '주세요, 고맙습니다, 안녕하세요'와 같은 것들을 가르치려 해도, 아이는 전혀 따라 하지 않아요. 겨우 손짓만 하거나, 제가 뭔가 말을 가르치려 하는 것 같으면 자리를 피합니다. 그렇다고 아예 말을 못 하는 건 아니에요. 유창하진 않아도 '엄마, 아빠, 맘마, 응, 아니, 줘, 가' 등의 짧은 단어는 말하는 편이에요. 하지만 문장으로 말하기는 아예 안 되고 '주세요' 등의 말도 불가능합니다. 잘 알아듣지만 말이 늦은 다은이를 보면 속상하고 답답하네요. 알아듣는 만큼 표현할 수 있는 방법이 있을까요?

할 수 있는 말을 100%
활용하도록 해야 합니다

30개월 정도 되는 아이들은 문장을 사용하며 말을 하곤 합니다. 하지만 언어발달이 늦는 아이들은 의사소통 수단을 말이 아닌, 행동이나 소리로 대신합니다. 언어로 의사를 표현하는 게 늦어지는 원인에는 여러 가지가 있는데 첫째, 선천적으로 말을 늦게 시작했거나 둘째, 매우 내성적인 성격을 가졌거나 셋째, 장애를 가지고 있거나 넷째, 양육 환경 및 태도에 문제가 있는 경우 등이 있습니다.

이중에서 선천적으로 말을 늦게 시작했거나, 매우 내성적 성격을 가졌거나, 장애를 가진 경우는 부모의 노력만으로는 쉽게 고쳐질 수 없는 부분이 있으니 전문가의 도움을 받는 것이 현명합니다. 하지만 양육 환경이나 태도에 문제가 있는 경우는 가정에서도 충분히 교정할 수 있습니다.

아이가 말로 의사를 표현할 수 있게 하려면 먼저 양육 태도를 바꿔야 합니다. 우선 아이가 할 수 있는 발음 능력을 고려해 가능한 범위에서 언어를 사용하도록 유도해야 합니다. 아이가 1음절밖에 말하지 못하는데 3음절 단어를 따라 하게 한다면 아이는 '말은 어려운 거구나……. 말로 하지 말고 그냥 손짓을 하거나 소리를 지르자'라고 생각할 수 있습니다. 예를 들어 아이가 '줘'밖에 하지 못하는데 계속해서 '주세요'를 강요하면 아이는 힘들어할 수밖에 없습니다. 그렇게 되면 할 수 있던 말도 점차 안 하게 될 위험성이 있습니다.

언어 표현이 조금 느린 아이들에게는 너무 많은 말을 알려주기보다는 할 수 있는 말을 100% 활용하도록 해야 합니다. 어른들이 보기에는 '주세요'라는 말이 어렵지 않아 보여도 말이 늦는 아이들에게는 매우 어려운 발음입니다. 아이가 발음하기 쉽게 '줘(죠)'와 같이 쉬운 단어로 알려주면 아이는 '말은 쉬운 거고 말을 하면 엄마가 바로 들어주네, 다음에도 엄마 말을 따라 해야지'와 같이 긍정적으로 생각하게 되고, 이렇게 되면 시키지 않아도 언어가 자연스럽게 늘게 됩니다.

다은이처럼 말로 표현하는 게 느린 아이라도 부모의 말을 충분히 이해한다면 만 3세까지는 여유를 가지고 지켜보세요. 말하는 게 듣는 것만큼 쉽고 편하다는 것을 스스로 느끼면 급속도로 말이 늘어날 것입니다. 반면 표현 언어와 수용 언어 모두 또래와 비교해 훨씬 뒤처진다면 전문 기관을 찾아 객관적인 평가를 받고 아이의 수준을 정확하게 파악해보는 것이 좋습니다.

우리 아이 언어발달 솔루션

❶ 발음을 정확하게 하지 않아도 괜찮아요

아이가 언어로 표현하는 것 자체를 어려워하는 시기에는, 정확한 발음이나 문법은 그다지 중요하지 않습니다. 말하는 것에 부담을 느끼지 않도록 하는 것이 가장 중요합니다. 아이가 '줘' 발음을 정확하게 하지 못하고 '조'라고 말해도 굳이 수정하려 애쓰지 말고 자주, 많이 말할 수 있게 도와주세요.

❷ 아이가 사용할 수 있는 말로 대답을 유도하세요
아이가 말할 수 있는 짧은 단어를 사용하도록 의문문으로 대화를 시도하세요. "오늘은 아빠랑 갈래 엄마랑 갈래?", "배가 고프면 뭐 먹지?"와 같은 문장으로 질문을 해서 아이가 쉽게 대답할 수 있도록 해보세요. 아이는 언어를 사용해 부모와 대화할 수 있다는 것을 스스로 느끼게 됩니다.

스마트폰만 보려 하고
말을 거의 하지 않아요.

우리 아이 괜찮은 걸까요?

맞벌이를 하며 34개월 아이를 키우고 있는 엄마예요. 퇴근하고 돌아와 집안일까지 하고 나면 녹초가 되기 일쑤입니다. 그래서 피곤하다는 핑계로 아이에게 스마트폰을 자주 보여주곤 했습니다. 물론 '아이에게 악영향을 끼치면 어쩌나' 하는 불안감도 있었습니다. 그러던 어느 날 유튜브 영상을 보며 4개 국어를 익혔다는 아이를 TV에서 보게 되었습니다. 저희 부부는 그날부터 오히려 적극적으로 아이에게 언어발달 관련 영상과 아이가 좋아할 만한 영상을 찾아 열심히 보여줬습니다. 그런데 아이가 점점 말을 안 합니다. 예전에 했던 '엄마, 아빠'라는 말도 요즘엔 거의 하지 않고 영상만 보여달라고 떼를 씁니다. 주말에 같이 장난감을 가지고 놀자고 하면 소리 지르고 장난감도 던지면서 스마트폰을 달라고 웁니다. 교육적인 영상이라도 스마트폰으로 보여주는 건 도움이 안 되는 걸까요? 아직 말을 못 하는데 그럼 어떻게 교육해야 할까요?

아이에게는 언어를 습득하는 중요한 시기가 정해져 있습니다. 물론 약간의 개인차가 있지만, 보통 18~36개월 사이에 언어를 제대로 습득하지 못하면 지능 발달 및 사회성에 큰 영향을 받습니다. 따라서 그 시기에는 반드시 부모와 상호작용을 통해 언어적 자극이 이루어져야 합니다.

실제로 TV에 나오는 언어 영재를 보며 질문하는 부모들이 많습니다. 결론부터 말하자면 초기 언어는 미디어로 습득할 수 없습니다. 미디어를 통해 언어를 빨리 익혔다는 그 아이는 영재 검증 TV 프로그램에 소개될 정도의 아주 특별한 케이스로, 심지어 그 아이도 스마트폰으로는 학습만 하고 나머지 시간에는 역할놀이를 하거나 또래와 어울리는 데 많은 시간을 보냈습니다.

아이가 원활한 언어발달을 이루기 위해서는 상대방의 말을 듣는 것은 물론이고 몸짓과 입 모양 등으로 시각적인 소통을 하는 것도 매우 중요합니다. 하지만 스마트폰을 통해 보는 영상은 매우 빠르게 지나가기 때문에 시각적 학습이 충분히 이루어질 수 없습니다. 또 양방향으로 이루어지는 소통이 아니기 때문에 상호작용에 의한 효과를 기대하기가 어렵습니다.

영상을 통해 언어성을 높이려면 아이가 적어도 문장으로 대화가 가능한 수준이어야 합니다. 그 전에는 부모와 충분한 상호작용을 하며 언어를 습득하고, 발음 능력을 키워 언어를 확장하는 것이 더 중요합니다. 아이가 아직 말을 못 한다면 가장 쉬운 /ㅁ, ㅂ/ 소리부터 알려주는 것이 좋습니다.

또한 아이가 '말을 하면 내 생각을 다른 사람에게 빨리 전달할 수 있구나'라는 것을 느끼도록 말의 필요성을 알려주는 것이 매우 중요합니다. 아이가 무엇인가 달라고 요구할 때 손만 내밀면 주지 말고, 말을 했을 때 주세요. 여기서 유의해야 할 것은 아이가 할 수 있는 말을 시키는 것입니다. 아직 언어도 안 트인 아이에게 어려운 3음절 '주세요'를 시키면 아이는 언어가 어렵다는 것밖에 못 느낄 겁니다. 그렇기 때문에 굳이 '주세요'가 아니라 아이가 쉽게 할 수 있는 '엄마'라는 말이라도 시켜서 말을 통해 의사를 전달하는 방법을 알려 줘야 합니다.

우리 아이 언어발달 솔루션

❶ 스마트폰은 전화 기능으로만 사용하세요

아이들은 부모의 행동을 모방합니다. 부모가 아이들 보는 곳에서 수시로 스마트폰을 사용한다면 아이 역시 스마트폰 사용을 자제하기 어렵습니다. 부모님은 수시로 스마트폰을 사용하면서 아이에게는 사용하지 못하게 한다면 설득력이 떨어지고, 아이는 자신만 소외된다는 느낌을 받을 수 있습니다. 부모가 모범을 보여주세요. 아이와 있을 때는 스마트폰을 단순히 전화하기 용도로만 사용해보세요. 아이의 행동을 충분히 교정할 수 있습니다.

❷ 영상 대신 그림책, 공연, 전시를 보여주세요

아이들은 여러 가지 시각적, 청각적 자극을 필요로 합니다. 그 때문에 현란한 색채와 다양한 효과음이 들어간 영상에 빠져드는 것입니다. 그러니 아이가 좋아하는 주제의 책이나 신기한 팝업북 등을 부모님이 구연동화하듯 재미있게 읽어주세요. 또 가끔은 생생한 공연을 보여주거나 전시장을 찾아 다양한 볼거리를 제공해주세요. 아이들의 호기심을 자극하면서 시각적, 청각적 자극을 만족시켜 주면 아이는 조금씩 스마트폰에 집착하지 않게 됩니다.

❸ 손을 이용한 놀이를 함께해 주세요

지점토나 밀가루 반죽을 이용해 다양한 촉감과 질감의 차이를 느끼도록 해주세요. 이런 반죽 놀이를 통해 근육과 두뇌의 발달을 촉진할 수 있습니다. 아이들은 아무리 재미있는 놀잇감이 있다 하더라도 혼자 놀게 되면 금방 흥미를 잃어버립니다. 부모 혹은 또래 친구들과 함께 반죽 놀이를 할 수 있게 해주세요. 특히 25~36개월 사이의 아이들은 스스로 무언가를 만들어내는 성취감을 통해 흥미를 느낄 수 있기 때문에 언어자극에 효과적인 놀이가 될 수 있습니다.

반죽 줄다리기

준비물 …지점토, 바닥에 깔 비닐(또는 신문지)

· 놀이방법 ·

1 지점토와 바닥에 깔 비닐을 준비합니다.
2 아이와 함께 비닐 위에서 지점토를 이용해 반죽을 주무릅니다.
3 반죽을 길쭉하게 만들어 아기와 마주보고 잡아봅니다.
4 몸을 뒤로 젖히며 함께 죽~ 잡아당겨 봅니다.
5 반죽이 끊어질 때 "아이고, 끊어졌네~"와 같이 반응을 크게 표현해줍니다.
6 반죽을 다시 뭉쳐 잡아당기며 반복해봅니다.

"
문장으로 말하지 못하고
단어로만 말해요.
"

우리 아이 괜찮은 걸까요?

38개월 지형이 엄마입니다. 아이가 세 돌이 지났는데 아직 문장으로 말하지 못하고 모든 대화를 단어로만 해요. 집에 가고 싶을 때는 "엄마, 집에 가자"라고 말하는 게 아니라 그냥 "집~"이라고만 해요. 배가 고프면 "맘마" 과자가 먹고 싶으면 "까까" 멋진 자동차가 지나가면 "빠방" 언제나 단어로만 말해요. 그나마 단어를 말할 때는 비교적 또박또박 말하는데, 혼자 놀 때는 마치 옹알이를 하듯 중얼거립니다. 왜 아직도 옹알이를 하는 걸까요? 한번은 말을 잘 못 하는 아이가 너무 걱정돼서 친구들과 노는 걸 쭉 지켜봤어요. 역할놀이를 하며 놀 때 다른 아이들은 아빠나 엄마 목소리도 흉내 내고 잘 노는데 우리 아이는 혼자 소리만 지르고 또 중얼중얼 하더라고요. 또래 아이들도 지형이가 말을 아기같이 하니까 동생 취급을 합니다. 아이가 유창하게 말하도록 하려면 어떻게 해야 되나요? 사람들 말은 다 알아듣는데 왜 문장으로는 말하지 못할까요? 혹시 장애가 있는 건 아닌지 정말 걱정입니다.

발음 능력이 미성숙하면
문장을 말하는 게 힘들 수 있어요

이런 경우 특별한 장애가 있다기보다는 또래보다 발음 능력이 미성숙한 것으로 볼 수 있습니다. 문장으로 말을 하려면 발음기관 간의 연계가 자연스러워야 하는데, 그러지 못할 경우 문제가 나타납니다. 가끔 혼자 옹알이하듯 중얼거린다고 했는데, 발음 능력이 미성숙한 아이들이 문장을 구사하면 마치 옹알이를 하는 것처럼 들릴 수 있습니다. 단어를 말할 때는 나름 또박또박 들리지만 문장으로 넘어갈 때는 옹알이하듯 들리는 지형이 역시 발음 능력이 미성숙한 것으로 보입니다.

한국어를 발음할 때 주로 사용하는 기관은 입술, 혀, 목(연구개)입니다. 이 세 기관이 자유롭게 움직여야만 정확한 발음이 산출됩니다. 그렇기 때문에 발음기관의 '교대 운동 연습'을 지속적으로 시켜줄 필요가 있습니다. 입술, 혀, 목을 교대로 사용할 수 있는 발음인 '퍼터커'를 반복적으로 말하는 훈련이 있는데, 아이들이 쉽게 따라 할 수 있어 매우 효과적입니다. '퍼터커, 퍼터커, 퍼터커……'를 천천히 반복해보면 입술(퍼), 혀(터), 목(커)을 사용하면서 발음하게 됩니다. 아이에게 시범을 보여주고 함께 반복하며 발음기관을 단련할 수 있습니다.

또 다른 훈련법으로 3음절 단어를 반복해서 발음해보는 방법이 있습니다. 자동차, 할머니, 냉장고, 자전거 등과 같은 3음절 단어를 다섯 번 정도 반복하여 발음하면, 문장으로 말을 할 때 좀 더 명확한 발음이 가능합니다. 아이에게도 부담되지 않는 훈련방법이기 때문에 문장을 만들어 구사해야 한다는 압박감을 느끼지 않고 반복 훈련이 가능합니다.

단어로만 말하다 보면
문장을 만들기 어려워집니다

발음 자체가 미성숙한 아이들의 말은 부모님이나 친구들이 잘 알아주지 않습니다. 그래서 이 아이들은 어느 순간부터 말을 줄이게 됩니다. 되도록 자신이 정확하게 말할 수 있는 단어로만 이야기를 하는 것이죠. 그런데 오랜 기간 단어로만 대화를 하면, 발음이 완성되어 있다 해도 문장을 구사하는 능력이 크게 떨어질 수 있습니다. 예를 들어 조사를 제대로 사용하지 못한다거나, 형용사나 부사를 사용하는 것에 익숙하지 않아서 문맥이 전혀 맞지 않는 문장을 구사한다거나 하는 경우입니다.

아이가 단어로만 이야기해도 부모는 아이의 문장을 완성해주어야 합니다. 예를 들어 아이가 지나가는 멋진 자동차를 보고 "빠방!"이라고만 말했다면 "그래, 멋진 자동차가 지나간다"라고 정확한 문장을 완성해주세요. 이렇게 반복하다 보면 아이의 발음 정확성과 문장 구사 능력이 함께 향상될 것입니다.

만약 아이가 혼자서 옹알이하는 것처럼 말하고 있다면 아이의 말을 주의 깊게 듣고 반응해주세요. 이때 절대로 그 자리에서 아이의 발음이나 문법을 지적하거나 나무라서는 안 됩니다. 아이의 말에 최대한 친절하고 즐겁게 반응해주세요. 아이가 말을 유창하게 할 수 있는 가장 기본적인 방법은 말에 대한 부담감이나 거부감을 느끼지 않는 것입니다.

우리 아이 💡 언어발달 솔루션

❶ 발음기관을 단련하는 운동을 지속적으로 시켜주세요

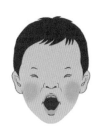

· 입 벌려 하품하기 ·

입을 크게 벌리며 자연스럽게 하품을 해보세요. 부모가 먼저 시범을 보이고 아이가 따라하게 하면 좋습니다. 하품하듯 입을 크게 벌리고 아래턱을 상하좌우로 천천히 움직여보세요.

· 입술 움직이기 ·

입술을 다물고 힘주어 오므렸다가 활짝 스마일하며 폈다가를 반복합니다. 입을 다물고 '음' 소리를 내고, 입을 벌리며 '파'를 반복합니다.

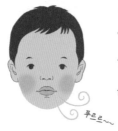

· 입술로 바람 불기 ·

입술에 힘을 최대한 빼고 입술을 진동시켜 '푸르르르르'하고 바람을 불게 합니다. 길게 반복 훈련을 합니다.

푸르르~

· 혀 내밀기 ·

먼저 혀를 앞으로 길게 내밀어 보게 합니다. 그다음 혀를 코에 닿는다는 생각으로 코끝 까지 뻗게 해주세요. 그리고 다시 턱에 닿는 다는 생각으로 혀를 아래로 뻗도록 도와줍 니다. 혀를 내밀고 이로 혀를 살살 물게 하는 것도 좋습니다.

❷ 단어로 말하면 문장으로 완성해주세요

아이가 "사탕"이라고만 말하면 부모는 "사탕 먹고 싶어?", "그래, 엄마가 지우한테 사탕 줄게"라는 식으로 사탕과 관련된 간단한 문장을 만들어서 들려줍니다.

❸ 틀린 발음이나 문법을 간접적으로 수정해주세요

직접적인 지적은 아이를 위축되게 합니다. 서툰 문장이나 발음을 지적하지 말고 자연스럽게 수정해주세요.

다음과 같이 대화를 유도하면서 잘못된 발음과 문법을 단계적으로 고쳐주면 됩니다.

"선생님이가 지우 타탕 줬어"
"아, 선생님이 지우한테?"
"응"
"사탕을 줬어?"
"응"
"그랬구나. 선생님이 지우한테 사탕을 주셨구나."

" 아이가 너무
큰 소리로 말해요.
""

우리 아이 괜찮은 걸까요?

5살 개구쟁이 사내아이, 동호를 둔 엄마입니다. 우리 동호는 말을
할 때 언제나 너무 큰 소리로 말을 합니다. 대화에 집중을 하지 못
하고 계속 "뭐라고? 응? 응?"이라고 되묻는 일이 많습니다. 또 그
럴 때면 목청이 더 좋아지는 것 같아요. 식당이나 마트 등 사람이
많은 곳에 가도 아이가 너무 큰 소리로 떠들 듯 이야기해서 이목이
집중될 정도이고, 소리를 낮추라고 훈육을 해보아도 5분을 못 넘
깁니다. 최근에는 영화관에서 영화를 보는 내내 아이가 너무 큰 소
리로 얘기를 해서, 결국 중간에 데리고 나와야 했어요. 아이가 언
제, 어디서든 계속해서 큰 목소리로 얘기하니 아이 목에서 가끔 쉰
목소리가 날 정도입니다. 아이가 조금만 더 작은 소리로 말하면 좋
겠어요. 큰 목소리를 조절하는 게 힘든 것도 언어적으로 문제가 되
는 건 아닌지, 아니면 다른 신체적 문제가 있는 건 아닌지 걱정입
니다.

병원을 찾아 아이의 청력과
성대를 체크해보세요

우리 몸의 성대를 거쳐 나오는 음성은 의사소통에 있어서 매우 중요한 역할을 합니다. 음성의 높낮이나 크기, 속도 등으로 감정을 표현하기도 하고, 글로 전달되지 않는 메시지를 담을 수도 있습니다. 실제로 '소곤소곤'이라고 말을 할 때 우리는 큰 목소리로 말하지 않습니다. 또 '빨리빨리'라고 말할 때는 천천히 말하지 않습니다. '소곤소곤'은 작은 목소리로, '빨리빨리'는 빠른 목소리로 말해서 그 의미를 더 강력하게 전달합니다. 즉, 억양이나 크기, 속도를 조절해서 말하게 되면 감정을 더 잘 전달할 수 있습니다. 그래서 문자 언어와 마찬가지로 음성 역시 의사소통의 중요한 수단이 되는 것입니다.

음성이 잘 조절되지 않고 주변 사람에게 민폐가 될 정도로 크게 말하는 아이들은 음성을 오남용하는 습관을 가지고 있는 경우로, 일상생활에 지장이 있는 정도라면 전문가를 찾아 진단을 받는 것이 좋습니다. 진단 결과에 따라 단순한 음성 치료는 물론 심리적인 치료나 놀이치료 등을 받아볼 수도 있습니다.

목소리의 크기가 너무 커서 일상의 불편함을 느끼면서도 막상 병원을 찾아 검사를 받고 치료받는 사례는 매우 드뭅니다. 하지만 이러한 문제를 장기간 방치하다 보면 장애로 발전할 위험도 있고 무리하게 성대를 사용해 성대결절이 올 수도 있습니다. 따라서 반드시 행동을 교정해야 합니다. 그저 '아이가 활기차서, 사내아이라 그런거

겠지'라고만 생각하지 말고 적극적으로 치료를 시도해야 합니다.

앞의 사례에서, 동호의 경우에는 반드시 청력과 성대를 체크해 봐야 합니다. 동호처럼 "뭐라고? 응?"과 같이 명료화를 요구하는 말을 많이 사용하고, 언제나 너무 큰 소리로 말한다면 청력에 이상이 있는 것은 아닌지 의심해볼 필요가 있습니다. 청력이 떨어지면 타인의 목소리는 물론 자신이 말하는 소리도 작게 들려 더 큰 소리로 말하게 되기 때문입니다. 우리가 귀에 이어폰을 꽂고 음악을 들을 때, 내 목소리가 잘 들리지 않아 평소보다 더 크게 말하는 것과 같은 이치입니다.

청력에 이상이 있다고 하면 다들 청각 장애를 의심하지만, 어린 아이들은 중이염 때문에 일시적인 청력 손실을 겪기도 합니다. 그러니 너무 불안해 말고 우선 이비인후과에 가서 정확한 검사를 한 뒤 적절한 조치를 취하는 것이 가장 좋습니다. 더불어 그동안 크게 말을 해서 성대에 무리가 갔을 수 있으니 성대 검사도 함께 받아보는 것이 좋습니다.

아이가 큰 소리로 말할 때 부모는 수시로 주의를 주고 때로는 꾸중을 하기도 합니다. 하지만 그닥 효과적인 방법은 아닙니다. 일반적으로 아이들은 자신의 음성을 조절하는 법을 모르거나 이에 익숙하지 않기 때문에 지속적으로 큰 목소리를 내는 것뿐입니다. 따라서 무작정 혼내기보다는, 가정에서 의성어나 의태어를 이용해 음성의 높낮이, 속도, 크기를 조절하는 훈련을 반복해서 시켜주세요. 또한 작은 소리부터 큰 소리까지, 발성연습을 지속적으로 반복하면 음성 조절에 효과를 볼 수 있습니다. 마지막으로, 아이가 자신의 목소리를 인식하는 것도 도움이 될 수 있습니다. 부모님과의 대화를 녹음해서 아이에게 직접 들려주면 아이는 자신의 목소리가 크다는 것을 인식할 수 있게 됩니다. 만약 아이가 부모님의 작은 목소리와 자신의 큰 목소리를 듣고도 그 차이를 구별하지 못한다면, 그때는 되도록 빨리 전문가를 찾아가는 게 현명합니다.

우리 아이 ◝
언어발달 솔루션

❶ 의성어, 의태어를 사용해 대화를 나눠보세요

작은 소리, 큰 소리로 표현할 수 있는 의성어, 의태어를 이용해 음성 조절을 연습시켜 주세요.

작은 소리	큰 소리
소곤소곤, 속닥속닥, 슬금슬금, 졸졸졸, 아장아장, 사뿐사뿐, 보슬보슬, 삐약삐약	쿵쾅쿵쾅, 빵빵, 멍멍, 우당탕, 콸콸콸, 우르르 쾅쾅, 어흥, 와장창, 쩌렁쩌렁

❷ 작은 목소리로 이야기해야 하는 장소를 알려주세요

도서관, 음식점, 영화관, 놀이동산, 공원, 놀이터 등 작은 목소리로 이야기해야 하는 공간과 큰 목소리로 이야기해도 되는 공간을 구별해서 알려주세요.

❸ 목소리 볼륨조절을 연습시켜 주세요

목소리를 오디오 볼륨처럼 조절하는 놀이를 해보세요. 먼저 목소리의 볼륨을 크기에 따라 1에서 5까지 정합니다. 엄마가 먼저 단계별로 목소리를 들려주고 아이가 따라 해보게 합니다. 그다음 아이에게 볼륨에 맞는 목소리를 주문해보세요. 아이가 엄마의 주문에 맞게 목소리 크기를 잘 조절하면, 적절한 보상을 통해 아이가 즐거워할 수 있게 해주세요.

> "
엄마 아빠가
말수가 적어서인지
아이도 말수가 적어요.
> "

우리 아이 괜찮은 걸까요?

6살 예원이의 엄마입니다. 저희 부부는 예원이가 태어난 이후로 쭉 맞벌이를 해서, 가정에서 아이를 돌볼 시간이 많지 않았습니다. 그래서 대화가 부족했던 걸까요? 어린이집 선생님은 우리 아이가 또래 친구들보다 말을 너무 안 한다고, 집에서도 말이 없냐고 걱정하시는 것 같아요. 선생님이 물어보는 질문에도 작은 목소리로 겨우 대답하고 친구들과도 거의 대화가 없다며 자신감이 많이 떨어져 있다고 말씀하셨습니다. 사실 예원이는 집에서도 말하는 것보다 혼자서 책을 읽는 것을 좋아합니다. 저도 남편도 집에서는 꼭 필요한 말만 하는 무뚝뚝한 사람들인데요. 말없이 조용한 것도 유전인지 궁금합니다. 그리고 아이의 이런 조용한 성격이 나중에 문제가 되진 않을지 걱정도 됩니다. 지금이라도 아이와 대화를 많이 시도해야 할까요? 저도 워낙 말이 없는 편이라 어떻게 대화를 해야 하는지, 그 방법도 잘 모르겠습니다.

부모는 아이의
대화 상대가 되어 주어야 합니다

말수가 적은 데는 여러 가지 원인이 있는데, 보통은 언어적인 문제보다 성격이나 심리적인 문제가 더 크게 작용할 때가 많습니다. 말수가 적은 아이들 중 대다수는 낯을 가리거나 내향적인 성격일 가능성이 매우 큽니다. 내향적이다 보니 또래를 사귀는 데 힘이 들 것이고, 그 때문에 혼자 노는 게 더 익숙해져서 대화의 기회가 줄어드는 악순환이 반복됩니다.

이런 내향적인 성격을 한 번에 변화시킬 수는 없습니다. 그러니 아이의 성격은 있는 그대로 인정해주세요. 그리고 이런 아이들에게 말을 많이 하라고 강요하거나 부담을 주어서는 안 됩니다. 성격 때문에 아이에게 말할 기회가 많이 부족하다면 부모가 직접 아이의 대화 상대가 되어주면 됩니다. 또한 자신감이나 사회성을 높일 수 있도록 야외 활동이나 체육 활동을 꾸준히 함께해 주고, 전문 기관의 사회성 놀이치료 등을 통해 도움을 받으면 더욱 좋습니다. 이러한 활동들을 통해 비록 성격은 내향적일지라도 자신의 의사를 명확하게 표현할 수 있는 힘을 키워줘야 합니다.

내향적인 아이들의 특징 중 하나는 자신감이 부족한 상태일 때가 많다는 것입니다. 하지만 칭찬받는 일이 누적되면 자연스럽게 자신감이 상승하고, 자기 자신을 소중하게 여기는 자존감 역시 높아지게 됩니다. 아이의 작은 성공에도 크게 칭찬해주고 성공의 결과보다 성공의 과정을 높게 평가해주세요. 예를 들어 아이가 블록으로 멋진 성을 만들었다면 "성을 정말 잘 지었네"라고 결과만 칭찬하지 말고 "이렇게 높게 성을 쌓을 때 무너지진 않았어? 정말 힘들었겠다. 그래도 이렇게 멋지게 완성하니 참 뿌듯하겠다"라고 과정과 성취를 모두 칭찬해주세요.

말문이 늦게 트인 아이들 중 말에 대한 상처를 받았던 적이 있는 아이들은 말하는 것에 거부감을 가지고 있기도 합니다. 말실수를 했을 때 면박을 받았다거나 다른 아이들과 비교당한 경험이 있다면, 아이는 말하는 것을 부끄러워하거나 부담스러워할 수 있습니다. 아이가 상처받았을 가능성도 열어두고 현재 말하는 것을 회피하지는 않는지 살펴보는 게 중요합니다.

간혹 집에서는 말을 곧잘 하다가 집 밖에서는 말을 하지 않는 증상을 보이는 아이들이 있습니다. 이러한 증상을 '선택적 함구증'이라고 하는데, 언어발달이 늦는 아이에게서 주로 나타납니다. 또 사회에 대한 큰 공포감과 두려움을 가지고 있을 때도 나타나는 증상입니다. 선택적 함구증의 경우 밖에서 말을 잘 하지 않는 것뿐만 아니라 종종 공격적인 행동을 보이기도 합니다. 만약 10세 이전까지 이런 증상이 지속적으로 나타난다면 전문 기관을 찾아 상담을 받아 봐야 합니다.

아이들이 말을 적게 하는 데에는 다양한 요인이 존재합니다. 주위 환경, 원만하지 않은 또래 관계, 가정불화 등 어떤 요인 때문에 말수가 적어졌는지 찬찬히 되짚어보고 올바른 대처를 해줘야 밝고 긍정적인 아이로 자랄 수 있습니다. 아이의 성격이 아무리 외향적이라고 해도 부모의 사이가 원만하지 않거나 가정에서 거의 대화가 없다면 아이 역시 어두운 성격으로 자랄 위험이 큽니다. 가정환경이 어떤지 돌아보고, 문제가 있다면 개선하기 위해 노력해야 합니다. 아이에게 관심을 가지며 조금씩 대화를 늘려가는 등 적극적인 자세가 요구됩니다.

우리 아이 언어발달 솔루션

❶ 질문을 많이 해주세요

말수가 없는 아이에게 처음부터 무리하게 대화를 시도하면 아이는 거부감을 가질 수 있습니다. 지금 어떤 책을 읽고 있는지, 주인공은 어떤 사람인지, 어떤 내용이 재미있는지……. 아이의 관심사를 중심으로 질문을 던지고 대화를 시도해보세요. 아이들은 답변을 하며 사고력, 상상력 등을 키울 수 있습니다. 일상생활 속에서 차츰 다양한 질문을 던져보고 아이의 의견을 묻는 질문도 자주 해주세요. "예원이는 어떻게 생각해?"라든지, "엄마는 잘 모르겠는데 예원이가 설명 좀 해줄래?"라고 질문해보면 좋습니다.

❷ 공감하는 태도를 보여주세요

아이들은 종종 어른들이 이해할 수 없는 행동이나 이야기를 합니다. 하지만 이때 한심한 행동이라거나 허튼소리라고 나무라면 안 됩니다. 사고가 단순한 아이들은 부모님이 공감해주지 않는 것에 마음의 상처를 받기도 하고, 심각한 경우 부모님과의 대화에 거부감 혹은 두려움을 느끼기도 합니다. 아이에게 충분히 공감하고 있다는 표현을 적극적으로 해주세요. 아이는 부모와 교감하며 스스로 마음을 터놓고 이야기하게 됩니다.

❸ 긍정적 피드백을 주세요

아이가 실수하거나 실패했을 때 이를 극복하도록 하는 것은 부모의 말 한마디입니다. "괜찮아!"라며 자신감을 북돋을 수 있는 긍정적인 말을 건네는 것이 중요합니다. 실수와 실패에 비난, 꾸중, 질책보다는 격려와 지지의 말을 전해보세요. 아이는 자신감을 회복하고 마음을 열 것입니다. 말수가 적은 아이가 어쩌다 뭔가를 표현했다면 칭찬을 아끼지 말아주세요. 진심이 담긴 칭찬과 격려는 아이가 내면을 표현하도록 만드는 동기가 됩니다.

"

외국에서 살다 왔는데
아이가 외국어도 한국어도
제대로 하지 못해요.

"

우리 아이 괜찮은 걸까요?

남편은 미국 사람이고, 저는 한국 사람입니다. 아이 두 돌 때까지 미국에 있다가 이제 한국에서 살게 되었어요. 한국에 와보니 또래 아이들은 제법 말을 잘하던데 이제 29개월에 접어든 우리 혜인이 는 양쪽 언어를 둘 다 사용하지 못합니다. 옹알이를 늦게 시작해 20개월쯤 '마(엄마)'라는 소리를 한 것 외에는 제대로 말을 한 적이 없어요. 혜인이는 말은 안 하고 소리를 지르거나 과격한 행동을 해 서 의사를 표현하려 합니다. 아이의 언어발달을 돕기 위해 일도 잠 시 쉬면서 책도 읽어주고 최선을 다했지만 나아질 기미가 안 보여 요. 사정을 모르는 지인들은 아이가 2개 국어를 하겠다며 부러워 하지만, 이중 언어에 노출되어 오히려 언어발달이 늦은 건 아닌지 속상합니다. 아이에게 부모 중 한 사람만 말을 가르쳐야 할까요? 혹시 잘못되어 언제까지고 영어도, 한국어도 제대로 하지 못할까 봐 너무 걱정입니다. 지금 아이에게 가장 필요한 언어교육은 무엇 일까요?

이중 언어 때문에 무조건
말이 늦게 트이는 것은 아닙니다

혜인이의 경우는 선천적으로 말이 늦는 케이스로 보입니다. 물론 이중 언어에 노출된 것도 언어발달을 지연시킨 원인이 될 수 있습니다. 하지만 이중 언어 때문에 문제가 나타나는 것은 대부분 단어로 말하기 시작하면서부터입니다. 즉 이중 언어에 노출되었다고 해서 무조건 말이 늦게 트이는 것은 아닙니다.

혜인이의 경우 말을 사용하지 않고 소리와 행동을 사용하기 때문에 언어가 더욱 늦게 발달하고 있는 것으로 보입니다. 그러니 우선 말의 필요성부터 먼저 알려줘야 합니다. 앞에서도 여러 차례 언급했지만 아이가 언어를 사용함으로써 자신의 의사를 좀 더 편하게 전달할 수 있다는 생각을 가질 수 있도록 하는 것입니다.

한 가지 기억해야 할 점은 혜인이처럼 부모의 국적이 다른 다문화 가정일 경우에는 두 가지 언어를 모두 가르치되, 그중에서도 주로 사용할 언어를 분명히 정해야 한다는 것입니다. 예를 들어 혜인이의 경우 한국에 있지만 외국인 유치원에 다닌다거나 미국인인 아빠 쪽 지인들과 더 많이 만나는 상황, 또 앞으로 미국에 거주할 예정이라면 영어를 주로 가르쳐야 합니다. 반대로 한국어를 많이 쓸 상황이라면 한국어를 주로 가르치면 됩니다. 주 사용 언어가 정해지면 유창해질 때까지 부모 모두 한 가지 언어를 사용해야 합니다. 그리고 그 언어에 충분히 익숙해졌을 때 나머지 다른 언어를 사용하면 됩니다.

혜인이는 아직 말이 트이지 않았으므로 가장 발음하기 쉬운 '엄마, 아빠, 맘마, 네, 아니, 죠(쥐)' 등을 먼저 가르치고, 그것의 사용 빈도를 높이면서 서서히 다른 말을 알려주는 게 좋습니다. 이때는 주로 사용할 언어로 가르쳐야 합니다. 이 시기에 부모가 가장 흔하게 범하는 오류는 단어의 종류를 무조건 많이 늘리려고만 하는 것입니다. 그보다는 할 줄 아는 말을 적절한 상황에 자주 사용하도록 하는 것이 훨씬 더 중요합니다.

아직 어떠한 말도 시작하지 않은 단계라면 이중 언어에 노출된다 하더라도 언어발달상 큰 혼란이 생기지는 않습니다. 하지만 이제 막 한쪽 언어를 습득하고 활용하는 단계에서 다른 언어에 불규칙하게, 혹은 아무런 상호작용 없이 무방비로 노출되면 아이가 언어에 대한 거부감을 나타낼 수 있습니다. 또 아이에게 언어 지체 현상이 나타나는 경우도 종종 생기니 조심하는 것이 좋습니다. 따라서 이중 언어의 발달을 위해서는 한 가지 언어로 자신의 감정을 표현할 수 있을 정도가 되었을 때 다른 언어에 지속적이고 안정적으로 노출되게 해야 합니다. 그래야 나중에도 두 가지 언어를 모국어 수준으로 습득할 수 있습니다.

단순히 언어에 많이 노출된다고 언어발달이 잘 이뤄지는 것은 아닙니다. 언어는 언어중추의 발달과 함께 이루어집니다. 언어중추는 언어의 생성 및 이해를 관장하는 뇌의 기관으로, 사람의 목소리를 듣고 그 소리를 의미 있는 언어로 해석하여 그에 대응하는 말을 하도록 능력을 발휘하는 기관입니다. 이 기관은 생후 8~24개월 사이에 적절한 두뇌 자극과 충분한 상호작용을 통해 가장 활발하게 발달합니다.

이중 언어에 노출하기 위해 영어 노래를 지속적으로 틀어주거나 외국어로 된 TV 프로그램 및 애니메이션을 장시간 틀어놓고 아이를 혼자 두는 경우를 간혹 볼 수 있습니다. 하지만 이 방법으로 이중 언어를 쉽게 습득할 수 있다고 보기는 어렵습니다. 이 방법을 사용하려면 반드시 아이와 눈을 맞추고 음악을 함께 따라 하거나, 리듬감을 살려 단어를 말해주거나, 아이와 함께 영상을 보며 지속적으로 말을 걸어주는 등 상호작용이 동시에 이루어질 수 있게 해야 합니다. 물론 아이가 이중 언어에 무방비로 노출되어 아직 한쪽 언어를 제대로 하지 못하는 상황이라면 혼란을 가중시키지 않는 것이 제일 좋습니다. 이 시기에 부모의 역할은 정말 중요합니다.

우리 아이 💡 언어발달 솔루션

❶ 부모 모두 주 사용 언어를 사용하세요

한국어를 주 사용 언어로 정했다면 한국어에 유창해질 때까지 부모 모두 한국어를 사용하세요. 아빠가 미국인이어서 한국어를 유창하게 하지 못해도 괜찮습니다. 아이의 수준에서만 한국어를 사용해도 충분히 도움이 됩니다. 예를 들어 '이거 줘? 먹을래? 가자, 안 돼, 그만' 등 단어 수준으로만 사용해도 됩니다. 오히려 언어가 늦는 아이에게는 성인들이 말하는 유창한 문장의 한국어보다 아이의 수준을 고려하여 단어로 말하는 것이 훨씬 도움이 됩니다. 아이가 한국어에 완전하게 적응하면 그때부터 아빠가 영어를 사용하면 됩니다.

❷ 한 문장 안에서 두 가지 언어를 사용하지 마세요
한 문장에서 두 가지 언어를 사용하는 것은 절대 금해야 합니다. 예를 들면 "혜인이가 이다음에 석세스(success)하려면 스터디 하드(study hard) 해야 돼"라는 식입니다. 어떤 언어를 사용하든 하나의 언어로 완전한 문장을 구사하는 것이 좋습니다. 그래야 아이가 언어를 정확하게 습득할 수 있습니다.

❸ 또래 친구들과 놀게 해주세요
또래 친구들과 접촉할 수 있는 환경을 만들어줍니다. 아이들은 하나하나 가르쳐줄 때보다는 여러 대화 상황에서 들은 것을 모방할 때 더욱 많은 언어를 습득할 수 있습니다. 언어가 트이지 않은 상태에서 어린이집이나 유치원에 보내는 것은 아이가 스트레스를 받을 수 있으니 먼저 키즈 카페, 놀이터 등에서 자유롭게 또래와 어울릴 수 있게 해주세요.

❹ 한국어가 주 사용 언어라면 한국어에 완전히 집중하세요

단어를 막 배우기 시작할 무렵부터 사과-애플, 우유-밀크 이렇게 이중 언어로 가르치면 안 되냐고 질문하는 부모들이 많습니다. 하지만 주로 사용하는 언어를 먼저 가르친 후, 부 사용 언어를 가르치는 것이 가장 좋습니다.

영어와 한국어를 놓고 비교했을 때, 단어를 배우기 시작하는 아이들에게는 영어를 터득하는 것이 조금 더 쉽습니다. 한국어 발음은 받침이 많고 억양도 없이 단조로워 발음하기가 어려운 반면, 영어는 재미있는 억양도 있고 발음하기도 쉽기 때문입니다. 따라서 한국어가 주 사용 언어라면, 아이가 한국어 습득을 기피하지 않게 하기 위해서라도 한국어 교육에 먼저 집중하는 것이 좋습니다.

04
언어 고민 상담소

아이가 말을 잘
이해하지 못하는 건
아닐까요?

"
아이가
같은 질문을
반복해요
"

우리 아이 괜찮은 걸까요?

36개월 남자아이를 키우고 있습니다. 아이가 요즘 들어 같은 질문을 지나칠 정도로 계속합니다. 매일같이 "이게 뭐야?"나 "왜?"의 반복입니다. 외출을 해서도 시간과 장소를 가리지 않고 질문을 합니다. 저는 말수가 적은 편이지만 아이의 언어발달을 위해 열심히 답을 해주며 노력했습니다. 아이가 무한 질문을 시작했을 때는 궁금증과 호기심이 폭발하는 시기인가 보다 하고 성심성의껏 친절하게 대답해주었습니다. 하지만 아이는 분명히 이해한 것 같은데도 다시 질문을 하거나 "왜?"라는 질문을 꼬리에 꼬리를 물고 반복합니다. "자, 이제 그만!"이라고 끝을 내도 계속 질문하는데, 사실 엄마인 저도 지쳐가고 가끔 짜증도 납니다. 제가 나쁜 엄마일까요? 언제까지 같은 대답을 해줘야 할까요? 혹시 아이의 이해력이 떨어지거나 다른 문제가 있어서 그런 건 아닌지 걱정도 됩니다. 이 시기 아이들의 단순한 호기심인지, 그저 단순한 말의 반복인지, 질문을 하는 것 그 자체에 재미가 있는 건지 도무지 모르겠습니다.

반복 질문이 아이의
'언어성 지능'을 높입니다

아이의 끝없는 질문에 대처하는 것은 말수가 적은 부모의 가장 큰 고민 중 하나입니다. 아이와 적극적으로 대화하는 부모라 하더라도 아이의 질문이 반복되면 힘들어하기는 마찬가지입니다. "이게 뭐야?"라는 질문에는 단답으로도 대답이 가능하지만 "왜?"라는 폭풍 질문에는 부모님도 지칠 수밖에 없습니다. 대부분의 엄마들이 처음에는 아이 질문에 성실하게 대답을 해줍니다. 그러다 정도가 지나쳐 하루 종일 "왜?"라는 질문을 반복하면 "이제 그만. 네가 생각해보렴. 아까도 물었잖니!"라며 야단을 치기도 합니다.

하지만 아이들의 질문은 호기심의 시작이고, 언어의 확장 단계이며, 지능을 높일 수 있는 좋은 기회가 될 수 있습니다. 비록 부모가 느끼기에 쓸데없는 질문 같아 보여도 아이의 질문에 끝까지 성실하게 답변해주는 것이 중요합니다. 만약 반복되는 답변에도 아이가 계속 같은 질문을 한다면 아이 입장에서는 새로운 답을 듣고 싶은 것일 수도 있습니다. 그럴 때는 아이에게 역으로 질문을 하거나 또 다른 방향의 답변을 제시하는 것으로 아이의 호기심을 충족시켜 주면 됩니다.

아이들이 끝없이 질문하는 것은 한참 말이 폭발적으로 발달하는 시기에 나타나는 일반적인 현상입니다. 또한 다 아는 것이지만 부모와 이야기를 나누고 싶어서 물을 때도 있고, 여러 가지 궁금한 상황들에 대한 적절한 질문을 만들기 어려워 같은 질문을 반복하는 경우도 있습니다. 이 시기에 부모가 적절하게 반응해주면 아이의 언어발달과 지능을 최대로 끌어 올릴 수 있습니다.

아이의 반복되는 질문과 호기심에 다소 힘들어도 아이가 성장해가는 중요한 과정이라 여기고 최대한 적극적으로 반응해줘야 합니다. 단, 아이가 잠시도 집중하지 못하고 매우 공격적이면서 하루 종일 똑같은 질문에 집착한다면 ADHD(주의력결핍증, 과잉행동장애) 검사를 받아보는 것도 좋습니다.

아이가 같은 질문을 반복해도 침착하게 답변해주세요.
다른 방향의 답변을 해보는 것도 좋습니다.

우리 아이 🔆
언어발달 솔루션 _____

❶ 쉽고 간결하게 대답해주세요

아이의 질문에 성의껏 대답해주기 위해 전문적이고 과학적으로 이야기할 필요는 없습니다. 아이가 이해할 수 있도록 쉽고 간결한 대답을 해주는 것만으로 충분합니다.

> **아이** 엄마, 비는 왜 내려요?
>
> **엄마** 나무랑 풀이 목마를까 봐 그래.
>
> **아이** 나무랑 풀이 왜 목말라요?
>
> **엄마** 나무랑 풀은 매일 물을 못 마시니까.

❷ 질문에 대한 답을 아이와 함께 찾아보세요

아이가 "엄마, 비가 올 때 왜 천둥 번개가 쳐요?"라고 묻는 경우, 때에 따라서 3~4살 아이가 이해하기에는 너무 어렵고 긴 답변이 될 수 있습니다. 이럴 때는 사전이나 책을 찾아보며 아이의 궁금증과 호기심을 함께 풀어보는 것이 좋습니다. 천둥과 번개의 사전적 의미도 찾아보고, 천둥이 칠 때 나는 소리도 따라 해보고, 번개가 치는 모습도 설명해주세요. 아이에게는 엄마와 함께 대화를 하며 궁금증을 풀어나가는 과정 자체가 큰 즐거움이 될 수 있습니다.

❸ 똑같은 질문을 하면 답변을 바꿔서 해주세요

아이가 같은 질문을 계속한다고 해서 똑같은 답변만 반복하는 것은 좋지 않습니다. 아이는 궁금한 게 많지만 '언제, 어디서, 누구랑, 무엇을, 어떻게, 왜'에 대해 체계적으로 질문할 줄 몰라서 같은 질문을 반복하는 것일 수 있습니다. 가령 아이가 '언제? 누구랑? 어떻게?'만 가지고 반복 질문을 한다면 다음번 질문에는 '왜'나 '무엇을'에 대해서도 이야기해주세요. 아이의 궁금증이 해소될 것입니다.

❹ 엉뚱한 질문이라고 무시하지 마세요

"엄마, 오줌은 왜 마려워요?", "왜 계속 못 참아요?", "계속 참으면 어떻게 돼요?" 이런 질문들은 엄마가 듣기에 쓸데없는 질문 같아 보이지만 실제로 아이에게는 정말 궁금한 것일 수 있습니다. 쓸데없는 질문이라고 아이를 나무라거나 무시한다면 아이는 질문하는 게 두려워질 수 있습니다. 그러니 엉뚱한 질문이라도 유쾌하고 재치 있게 받아주세요.

> "
> 말은 많이 하는데
> 남이 하는 말을
> 잘 알아듣지 못해요.
> "

우리 아이 괜찮은 걸까요?

40개월 된 우리 가영이는 말을 많이 하는 여자아이에요. 사물의 이름을 보고 계속 얘기하고 엄마한테 설명도 잘해줍니다. 또 어린이집에서 아이들과 노는 걸 보면 아무런 문제없이 잘 어울리는 것 같아요. 말도 늦게 트이지 않았고 언어도 꾸준히 발달해서 '가르쳐주지도 않았는데 어떻게 저런 낱말을 알고 있지?' 할 정도로 어휘 수준도 높습니다. 그런데, 남이 하는 말은 잘 알아듣지 못하는 것 같아요. 자기가 할 말만 하고 어른이나 친구가 물어보면 대답을 잘 안 하거나 엉뚱한 답변을 합니다. 예를 들어 "가영아, 우리 할머니 집에 어떻게 왔어?"라고 질문을 하면 "할머니 집에 어떻게 왔어"라고 대답을 하고, "가영이 오늘 친구 왜 때렸어?"라고 하면 "친구 때렸어"라고 대답을 합니다. 주로 '왜 그랬어, 언제 왔어, 어떻게 했어'를 질문하면 대답을 잘 못 하는 것 같아요. 말은 잘하는데 남이 하는 말을 이해하지 못할 수도 있는 건가요? 청력이 안 좋은 건지, 무슨 문제가 있는 건지 모르겠어요.

의문사를 이해하지 못하면
엉뚱한 대답을 할 수 있습니다

언어 습득 단계에 있는 아이들을 상대하는 부모의 대화 중 약 20~50% 정도는 의문문이라고 합니다. 아이는 아직 언어를 배우고 있기 때문에 구체적이고 유창하게 표현하기 어려워하고, 따라서 부모가 묻고 아이가 대답하는 과정을 여러 번 거치게 되는 것이죠. 이 과정을 통해 부모와 아이는 보다 정확하게 소통할 수 있고 부모는 아이의 의도를 분명하게 해석할 수 있습니다.

그런데 아이들이 의문사의 뜻을 제대로 모른다면 어떨까요? 가영이처럼 의문문에 제대로 대답할 수가 없게 됩니다. 실제로 많은 아이들이 의문사인 '누구, 어디, 무엇, 언제, 왜, 어떻게'를 몰라서 의문문에 엉뚱한 대답을 하는 경우가 종종 있습니다. 의문사 자체가 아이들에게는 이해하기 어렵기 때문입니다.

의문사는 크게 두 가지로 나눌 수 있습니다. 첫 번째로는 보이는 의문사인 '누구, 어디, 무엇'이 있고, 두 번째로는 안 보이는 의문사인 '언제, 왜, 어떻게'가 있습니다. 보이는 의문사인 '누구, 어디, 무엇'은 대답의 실체가 존재하기 때문에 힌트가 많아서 습득하기 쉽습니다. 예를 들어 "이게 누구야?"라고 물으면 가리키는 사람을 대답하면 되고, "이게 뭐야?"라고 물으면 가리키는 사물을 대답하면 됩니다. 실제로 아이들이 가장 먼저 습득하는 의문문은 "뭐 먹을래?", "누가 그랬어?", "어디 있어?"라고 합니다.

하지만 안 보이는 의문사인 '언제, 왜, 어떻게'는 아이가 직접 자신의 사고를 말로 풀어내야 하고, 시간에 대한 개념도 자리 잡혀 있어야 대답이 가능합니다. 의문사 '왜, 어떻게'는 보통 만 3세 6개월 이후에 서서히 확립되고, 만 4세 이후에야 대부분 이해하게 됩니다. 그리고 의문사 '언제'는 시간에 대한 개념을 이해해야 답할 수 있기 때문에 만 4세가 넘어가야 정확히 습득할 수 있습니다.

아이가 의문사 자체를 이해하지 못하면 질문 자체의 의미를 정확히 파악하지 못하게 되고, 결국 엉뚱한 대답을 할 수밖에 없습니다. 가영이의 경우 지금 만 3세 4개월이기 때문에 의문사를 정확하게 파악하지 못했고, 그 때문에 제대로 답하지 못했을 가능성이 큽니다. 따라서 가정에서 질문과 대답의 반복으로 의문사에 대한 이해를 시켜주는 게 가장 좋습니다. 언어는 반복 학습도 중요하지만 그 전에 단어의 의미를 파악하는 것이 우선되어야 합니다.

우리 아이 언어발달 솔루션

❶ 의문사를 이해시켜 주세요

의문사 '왜, 어떻게, 언제'를 모를 경우 알려주는 간단한 방법이 있습니다. 엄마가 먼저 답을 말해주고, '왜, 어떻게, 언제'에 대한 질문을 합니다. 그리고 다시 답을 알려주는 방식으로 의문사를 이해시켜 주면 됩니다. 이런 방식으로 여러 문장을 만들어서 답변-질문-답변을 반복하다 보면 아이가 스스로 답변하기도 합니다.

(✗) 배가 아파서 병원 갔어요.
(○) 병원에 **왜** 갔지? 배가 아파서 갔지.

- -

(✗) 추워서 장갑을 끼고, 모자를 썼어요.
(○) 추우면 **어떻게** 해야 하지? 장갑을 끼고, 모자를 써요.

- -

(✗) 장난감을 가지고 놀고 나면 정리를 해야 해요.
(○) 장난감 정리는 **언제** 해야 하지? 장난감을 다 가지고 놀고 나면요.

❷ 의문문과 그에 대한 답변을 수시로 보여주세요

언어발달은 일상생활에서 지속적으로 노출될 때 가장 빠르고 정확
하게 습득할 수 있습니다. 아이에게 억지로 학습시키지 말고 평소
의문문을 자주 사용해주세요. 의문사 부분을 천천히 강조하며 대화
하면 더욱 효과적입니다.

엄마 오늘 **언제** 와요?
아빠 오늘은 밤늦게 와요.

- -

엄마 이따가 마트는 **어떻게** 가요?
아빠 자동차를 타고 가요.

> **"**
> ## 또래 아이들보다
> ## 어휘력이 떨어져요.
> **"**

우리 아이 괜찮은 걸까요?

우리 아이는 이제 40개월에 접어들었는데, 또래보다 어휘력이 많이 부족한 것 같아요. 발음도 좋고 문장의 길이도 괜찮은 것 같은데, 아는 단어가 많지 않아서 그런지 너무 단조롭게 말합니다. 다른 아이들이 말하는 걸 들어보면 수식어도 많이 사용하고, 반대말 개념도 있고, 감정 표현도 하고, 무엇보다 아는 단어가 많더라고요. 보통 우유나 음료수를 달라고 할 때도 '시원한 거, 따뜻한 거'를 말하는데 우리 아이는 그런 표현을 전혀 안 합니다. 아이가 표현을 풍부하게 했으면 좋겠는데 어떻게 어휘를 늘려주어야 할지 모르겠어요. 무작정 가르치면 언어에 대한 거부감이 생긴다는 말도 들은 것 같아서 집에서 책이나 낱말 카드를 이용해 가르치는 건 그리 오래 못 하겠더라고요. 아이가 정말 누가 봐도 유창하게 말하기를 바라는 건 아니고, 그냥 또래만큼만 얘기할 수 있었으면 좋겠어요. 어떻게 가르쳐 줘야 할까요?

어휘는 꼭 책이나 낱말 카드로 학습해야만 습득 가능한 것이 아닙니다. 보통 이 연령대 아이들이 사용하는 어휘는 일상생활에 관련된 어휘입니다. 그렇기 때문에 일상에서 다양한 경험을 통해 어휘를 늘리는 것이 가장 좋습니다. 아이들은 들은 어휘 중 20~50% 정도를 그대로 사용합니다. 특히 문법의 경우 들은 것을 그대로 모방하기 때문에 "선생님이가 했다요"와 같이 과잉 일반화의 오류를 범하는 경우도 종종 있습니다. 그만큼 아이들이 일상에서 많은 어휘를 듣고 따라 한다는 것입니다.

그렇다면, 어떻게 해야 일상에서 자연스럽게 많은 어휘를 습득할수 있을까요? 우선 아이를 데리고 밖으로 나가보세요. 아이가 너무 집에만 있으면 집에서 사용하는 단어들, 즉 한정적인 어휘밖에 익힐수 없습니다. 그러니 바깥 활동을 함으로써 집에서는 할 수 없는 다양한 경험을 쌓고, 그것들을 통해 직접 보고 듣고 체험하면서 표현하는 것이 좋습니다. 예를 들어, 마트에 가서 하나하나 물건을 보고 직접 설명해주면 아이는 사물의 이름을 많이 익힐 수 있습니다. 박물관, 전시장, 체험 학습관 등에 가서 하루를 알차게 보내보세요. 당장 그다음 날 아이가 새로운 어휘를 사용하는 걸 확인할 수 있습니다.

또, 감정을 표현하는 방법을 가르쳐주는 것도 어휘를 늘릴 수 있는 좋은 방법입니다. '좋다, 싫다, 나쁘다, 기쁘다, 행복하다, 슬프다,

속상하다, 놀랐다, 어렵다, 쉽다' 등 다양한 감정의 표현을 알려주세요. 아이가 어린이집이나 유치원에서 돌아와 하루에 있었던 일을 이야기할 때도 그냥 듣기만 하지 말고 아이의 감정을 해석하여 읽어주는면 아이에게 큰 도움이 됩니다. 예를 들어 "오늘 준영이가 장난감을 뺏어갔어요"라고 말했다면 "준영이가 장난감을 뺏어가서 화가 났겠구나. 그래서 어떻게 했어?", "울었어요", "재우가 속상해서 울었구나" 등의 문장으로 아이의 감정을 나타낼 수 있는 어휘를 섞어서 표현하면 됩니다. 그러면 아이는 점차 감정을 나타낼 수 있는 어휘를 상황에 맞게 활용할 수 있게 됩니다.

하지만 꼭 일일이 알려주고 새로운 장소에 아이를 데리고 가야만 새로운 어휘를 습득하는 것은 아닙니다. 평소 부부간에 대화를 많이 나누는 모습을 보여주는 것도 아이에게는 좋은 본보기가 됩니다. 엄마, 아빠의 대화를 통해 좀 더 수준 높은 어휘를 듣게 되고 그것을 자연스럽게 습득할 수 있습니다. 따라서 부모는 아이들 앞에서 대화를 할 때 이런 점을 항상 염두에 두고 올바른 언어를 사용하도록 주의해야 합니다. 아이들은 부모의 거울입니다.

우리 아이 🔆 언어발달 솔루션

❶ 새로운 표현을 끊임없이 해주세요

아이들은 평소 들은 언어의 20~50%를 그대로 모방합니다. 즉, 엄마와 아빠의 대화를 듣고 그중 많은 말을 모방한다는 뜻입니다. 평소 올바른 언어로 대화하는 엄마, 아빠의 모습을 많이 보여주세요. 아이가 배웠으면 하는 표현들을 부모가 일상 대화에서 반복적으로 사용하면 아이는 그 표현을 자연스럽게 습득하게 됩니다.

❷ 새로운 단어는 외부 활동에서 익히게 해주세요

마트, 박물관, 공연장, 놀이터, 캠핑장, 전시관 등에서 장소에 맞는 새로운 어휘를 자연스럽게 익힐 수 있습니다. 각각의 장소에서 주로 사용되는 어휘가 다르기 때문입니다. 한정적 공간에 머무르게 되면 습득할 수 있는 어휘도 한정적일 수밖에 없습니다.

" 저기 우유가
있네~. "

❸ 아이의 대화를 따라가 주세요

부모가 대화를 주도하지 말고 아이의 대화를 따라가 주세요. 예를 들어 역할놀이를 할 때 대화를 주도하지는 않아도, 적극적으로 참여하며 아이가 스스로 상황을 설정할 수 있도록 만들어주면 됩니다. 아이는 자신이 이끄는 새로운 상황 속에서 자유롭게 상상하며 일상에서는 잘 사용하지 않던 많은 어휘를 구사하게 됩니다.

 오늘은 병원 놀이를 해볼까?
재우는 의사를 할래, 환자를 할래?

 그래, 그럼 재우가 의사를 하면 엄마가 환자를 할게.
여긴 무슨 병원이지?

 엄마는 어디가 아파서 온 거야?

"
조금만 길게 얘기해도
집중을 못 하고
결국 말을 알아듣지 못해요.
"

우리 아이 괜찮은 걸까요?

우리 진호는 42개월 된 남자아이입니다. 아이가 친구들하고 놀 때는 서로 대화도 잘 나누는 것 같은데, 요새 엄마나 아빠랑 이야기할 때는 말을 제대로 이해하지 못하는 것 같아요. 처음 말을 알아듣기 시작했을 때는 신기하고 기특해서 지시를 하거나 질문을 자주 했어요. "친구도 과자 하나 줄래?" 하면 착하게도 친구랑 잘 나눠 먹더라고요. "이게 뭐야?"라는 질문에도 또박또박 대답해서 우리 아들이지만 참 똘똘하다 생각했거든요. 그런데 언제부턴가 제가 말을 하면 대화에 집중을 못 하는 것 같아요. 예를 들어 "자동차는 장난감 박스에 넣어두고, 식탁에 와서 앉아" 이렇게 말하면 가지고 놀던 자동차는 그대로 바닥에 내팽개치고 식탁에 와서 앉아요. 가끔은 아예 아무런 행동도 하지 않을 때도 있어요. "장바구니에서 우유를 꺼내서 가져다줄래?" 그러면 그냥 앞에서만 멀뚱멀뚱서 있어요. 처음에는 크면서 점점 심부름을 하기 싫어 한다고 생각했는데, 자세히 관찰해보니 조금만 길게 얘기해도 무슨 말을 하는지 못 알아듣는 것 같아요. 저 정도 문장이 아이에게는 부담 되는 걸까요? 아니면 아이의 집중력이나 이해력에 문제가 있는 걸까요? 어떻게 말해줘야 하는지 알려주세요.

복문을 이해할 수 있는지
살펴보세요

만 3세를 넘어서면 신체 능력이 발달해 활동성이 커지고 친구에 대한 관심도 부쩍 늘어나게 됩니다. 아이들은 이 시기에 사회성을 키울 수 있고 친구와의 대화가 자연스러워지면서 언어를 수용하거나 표현하는 능력도 훨씬 더 증가하게 됩니다. 이때 아이들은 평균 500개 정도의 단어를 사용해 말을 할 수 있고, 이보다 훨씬 더 많은 단어를 이해하기도 합니다. 한 문장에 4~5개의 단어를 사용해 말하는 것이 가능해지는 것입니다. 또 형용사나 부사를 이용해 유창하게 말하기도 합니다.

언어적 이해가 폭넓어지는 시기라 부모님이나 다른 사람이 하는 말을 주의 깊게 듣기도 하며, 복잡한 지시도 수행할 수 있을 정도로 이해력이 높아집니다. 예를 들어 "엄마한테 책 주고, 의자에 앉아서 우유 마셔" 등의 복문을 무난하게 이해하고 수행할 정도가 됩니다. 그러나 부모의 지시에 따르지 않거나 멍하게 서 있는 일이 많아진다면 아이가 아직 복문을 이해하지 못하는 것은 아닌지 확인해봐야 합니다.

"친구 하나 주고, 나머지는 네가 다 먹어"라고 했을 때 복문을 이해하지 못하는 아이들은 말의 끝부분만 듣고 자기가 다 먹는 경향이 있습니다. 그러나 이 문장은 하나의 문장으로 보여도 '친구 하나 줘'와 '나머지는 네가 다 먹어'라는 문장이 합쳐진 복문입니다. 이 문장을 온전히 이해했다면 '주다'와 '먹다'라는 두 가지 행동을 수행해야 합니다. 하지만 두 가지 동사를 모두 이해하지 못했기 때문에 뒤에 들은 동사만 수행하게 되는 것입니다.

"자동차는 장난감 박스에 넣어두고, 식탁에 와서 앉아"라는 문장을 들었다면 '넣다'와 '앉다'를 수행해야 하지만 '넣다'를 수행하지 못한 것으로 봐서 뒤의 문장만 이해한 것일 수 있습니다. 특히 "장바구니에서 우유를 꺼내서 가져다줄래?"라는 문장을 듣고 아무런 수행을 하지 못한 이유는 앞의 문장을 이해하지 못했기 때문입니다. 즉, 엄마에게 무엇을 가져다주어야 할지 몰라서 동작을 수행하지 못했을 것입니다. 아이가 복문을 이해하지 못하는 상황일 가능성이 매우 높다고 할 수 있습니다.

두 개의 문장이 합쳐진 복문을 이해하지 못한다면 한 문장씩 나눠서 이야기해주세요. 복문을 이해하지 못하는데 부모가 지속적으로 복문 대화를 시도한다면 아이는 엄마, 아빠와의 대화를 어려워하게 되고 거부감을 가질 수 있습니다.

앞의 사례에서 진호가 또래 아이들과는 원활하게 대화할 수 있었던 이유는, 서로가 이해할 수 있는 수준의 문장을 주고받기 때문입니다. 아직 두 개의 문장을 이해하지 못하는 것 같다면 아이가 이해할 수 있도록 쉽게 말해주세요. 만약 "자동차는 장난감 박스에 넣어두고, 식탁에 와서 앉아"라는 문장을 써야 한다면 "자동차는 장난감 박스에 넣어둬"라고 말한 다음, 아이가 수행하고 나면 그 뒤에 "식탁에 와서 앉아"라고 말해주면 됩니다.

우리 아이 언어발달 솔루션

❶ 쉽게 이야기해주세요

"친구 하나 주고, 나머지는 네가 다 먹어"라고 말했을 때, 아이는 한 문장 안에 있는 두 가지 동사를 이해하는 게 어려울 수 있습니다. 그럴 경우에는 "친구 하나 줘", "이제 네가 다 먹어"와 같이 단문으로 끊어서 말을 해주는 것이 좋습니다. 단문으로 말하기를 반복하고 아이가 동사를 잘 수행하면 그때부터는 "친구 하나 주고, 나머지는 네가 다 먹어. 친구 하나 줘"와 같이 복문으로 먼저 말을 해준 뒤 앞의 문장을 다시 한번 말해줍니다.

❷ 기억력을 증진시켜 주세요

기억력이 좋아지면 아이의 언어는 더욱 발달하게 됩니다. 지나간 일을 기억해서 말하거나 들은 이야기를 기억해서 말하면서 언어가 더욱 확장되기 때문입니다. 평소에 언어를 이해시키면서 기억력을 증진시킬 수 있는 훈련을 반복하면 좋습니다. 예를 들어 "안방에서 엄마 핸드폰, 휴지, 양말 가지고 와"라는 식의 문장으로 한 번에 세 개 정도의 사물을 가져오도록 지시하세요. 이후에는 각각 다른 방에서 사물을 가져오도록 지시하는 등 유형을 바꾸며 아이의 기억력 증진을 도우면 됩니다.

> **"**
> ## 책은 많이 읽는데
> ## 책 내용을 거의
> ## 모르는 것 같아요.
> **"**

우리 아이 괜찮은 걸까요?

7살 아이가 얼마 전부터 한글을 읽고 쓰기 시작하며 부쩍 책을 많이 읽어요. 그런데 아이에게 "이게 무슨 내용이야?" 하고 물으면 대답을 못 합니다. 얼마 전에는 유치원에서 인기 있는 책을 사달라고 해서 사줬더니 열번도 넘게 읽더라고요. 아이가 책과 가까이 지내는 것 같아 기특했죠. 그런데 엊그제 일이었어요. 친구가 놀러 와서 그 책을 보더니 "너도 이 책 읽었어?"라며 책 내용에 대해 신이 나서 얘기를 하는데, 우리 아이는 아무 말도 안 하고 멀뚱멀뚱 듣더니 아무렇지도 않게 모른다고, 줄거리 자체를 처음 듣는 것처럼 반응하더라고요. 열번도 넘게 읽은 그 책에 대해 질문하는데 말이죠. 평상시에 저랑 대화하는 데는 아무런 지장이 없습니다. 질문에 곧잘 대답하고 유치원에서 있었던 일들도 차분하게 잘 설명해주곤 해요. 그런데 이상하게 책만 읽으면 무슨 내용인지 전혀 모르는 것 같아요. 이런 게 혹시 난독증인가요?

책을 잘 읽지 못한다고
무조건 난독증은 아닙니다

글을 막 읽기 시작한 아이들은 글을 읽는 것에만 집중해서 내용을 놓치는 경우가 많습니다. 말 그대로 글자를 읽는 거죠. 또한 그림이 있는 책일 경우, 글보다는 그림만 보고 넘기는 경향이 많기 때문에 책의 줄거리나 세부적인 내용을 모를 수도 있습니다. 이제 막 글을 읽기 시작한 아이이기 때문에 나타날 수 있는 증상들로 보이니 난독증에 대해 크게 걱정하지 않아도 될 것 같습니다. 하지만 지속적으로 관찰하며 아이가 소리 내어 책을 잘 읽는지, 발음이 엉성하지는 않는지, 철자를 다르게 읽지는 않는지……. 여러 가지로 체크해보는 것도 좋습니다.

난독증은 듣고 말하는 데는 어려움이 없지만 단어를 유창하게 읽지 못하고 철자를 제대로 인지하지 못하는 증상으로, 일종의 학습장애입니다. 난독증을 가진 아이들은 몇 가지 특징적인 언어 증상을 가집니다. 또 주로 또래 아동보다 말문이 늦게 트인 경우에 난독증이 더 많이 나타납니다.

난독증이 있는 아이들은 말의 표현이 유창하지 못해서 말할 때 발음 자체가 어눌하게 들리기도 합니다. 책을 읽을 때도 명확하지 않은 발음이나 전혀 다른 발음으로 읽습니다. 예를 들어 '피자치즈'를 '치자피즈'로 읽거나 '에스컬레이터'를 '에스컬터레이'로 읽기도 합니다. 또 글씨를 쓸 때 철자를 자주 틀리며 글씨를 베껴 쓰는 것도 어려워합니다.

간혹 난독증이 아니더라도 유독 책 읽기를 어려워하는 아이들이 있습니다. 이런 경우 가정에서는 아이가 읽기 쉬운 책을 선택해서 소리 내어 읽도록 지도하고, 제대로 읽고 있는지 반드시 확인해야 합니다. 그렇다고 아이의 발음이나 틀린 부분을 그 자리에서 바로바로 지적하며 고쳐 읽기를 강요하면 아이가 책 읽기에 거부감을 가질 수 있습니다. 아이가 한 문장을 읽으면 옆에서 한 번 더 읽어주며 문장의 내용을 파악하는 정도로 도와주면 됩니다. 또한 책을 다 읽은 다음에는 책에서 재미있었던 부분, 느꼈던 점, 등장인물에 대해 이야기를 나누며 자연스럽게 대화해도 좋습니다.

아이가 책을 잘 읽지 못한다고 무조건 난독증을 걱정할 필요는 없습니다. 하지만 난독증이 의심될 경우 정밀한 진단을 받아보는 것이 매우 중요합니다. 그래야 난독증으로 인한 학습 능력 저하를 사전에 방지하고 효과적으로 학습할 수 있는 방법을 찾을 수 있습니다.

우리 아이 🐝
언어발달 솔루션 ─────────────────────────

❶ 아이와 함께 책을 읽으세요

아이와 함께 동화책을 큰 소리로 읽어보세요. 아이가 왼쪽 페이지를 읽으면 부모가 오른쪽 페이지를 읽어주거나, 한 문장 한 문장을 번갈아 가며 읽어서 소리 내어 읽기에 대한 부담감을 줄여주세요. 이

때 아이가 소리 내어 읽는 동안 부모는 아이가 글자를 제대로 읽는지 살핍니다. 설령 아이가 글을 제대로 읽지 못한다고 해도 그 자리에서 바로 지적하지 마세요. 소리 내어 읽는 것도 반복 훈련이 필요합니다.

❷ 단어의 낱자를 인식할 수 있도록 훈련시켜 주세요

난독증의 경우 단어의 낱자를 읽는 데 어려움을 느끼는 특징이 있습니다. 따라서 단어의 글자 하나하나를 인식하는 훈련을 시켜주는 것이 좋습니다. 책에 나온 단어 몇 가지를 모은 후, 그 안에서 새로운 단어를 만들어보도록 놀이 형식의 훈련을 시켜주세요.

 나무-나물, 물고기-무기-고기, 개구리-개나리, 사랑-사람-바람, 아침-무침

05
언어 고민 상담소

친구들과 소통이
어려운 우리 아이,
걱정이에요

"

어린이집에 간 아이가
말을 하는 대신 친구를
때리고 꼬집어요.

"

우리 아이 괜찮은 걸까요?

26개월 수찬이 엄마예요. 아이를 낳은 뒤로는 전업주부가 되어 육아에 전념하고 있어요. 아이는 언어발달이 너무 늦어서 20개월부터 어린이집에 보냈어요. 원래는 5살까지는 집에서 키우려고 했는데 말을 가르치는 게 너무 힘들더라고요. 주변 얘기를 들어보니 어린이집에 일찍 보내면 친구들이 하는 말을 따라 하게 되어 말도 더 일찍 배운다고 하더라고요. 하지만 6개월이 지났는데 여전히 말은 한마디도 못 합니다. 가끔 허공에 대고 "아마, 아마, 엄마"라고 하는 정도. 그래도 좀 더 지나면 나아지겠지 하고 있는데 말은커녕 떼쓰는 것만 늘었습니다. 어제는 친구를 꼬집고 깨물었다고 하더라고요. 폭력적인 아이가 아니었는데 어린이집을 너무 일찍 보내서 스트레스를 받는 건지 걱정입니다. 지금은 말을 시키면 소리를 지르고 물건을 던져서 함부로 말도 못 시키겠어요. 아이의 문제 행동이 더 심해지는 것 같아 걱정이에요.

어린이집은 기본적인
언어를 익힌 후 보내세요

많은 사람들이 어린이집에 가면 언어도 빨리 늘고, 사회성도 좋아진다고들 합니다. 일반적으로는 그렇습니다. 하지만 언어가 안 트인 26개월 수찬이에게 어린이집에 가는 일은 감당하기 힘든 스트레스가 될 수 있습니다.

집에 있을 때는 말을 하지 않아도 엄마와 아빠가 다 받아주거나, 말하기도 전에 알아서 척척 다 해주니 짜증을 낼 일이 거의 없습니다. 물론 그러면 아이의 언어발달은 다소 늦어지겠지만, 아이가 화를 낼 일이 없기 때문에 부모와의 애착과 정서적인 면에서는 매우 좋습니다.

하지만 어린이집에 들어가면 달라집니다. 여러 친구들과 함께 지내야 하기 때문에 언어가 늦은 아이들은 말을 하도록 강요받는 분위기에 놓일 수도 있습니다. 또한 친구들도 말이 늦다고 동생 취급을 하고 놀아주지도 않아 소외될 가능성도 있습니다. 언어발달과 사회성을 키우기 위해 보낸 어린이집에서 아이는 더 상처를 받게 되는 것입니다.

어린이집은 기본적인 언어(엄마, 아빠, 네, 아니, 싫어, 안 돼, 죠(줘), 물, 이거, 내 거야, 안녕, 빠빠 등)를 하는 시점이나 혹은 그 이후에 보내는 것이 좋습니다. 보통 언어 폭발기인 18~20개월쯤을 적당한 기준으로 볼 수 있습니다. 언어 폭발기에는 발음기관이 성숙해져 또래는 물론 어른의 말까지 따라 하려고 합니다. 그렇기 때문에 이 시기를 거쳐 아이가 기본적인 언어를 터득한 후에 어린이집에 보내는 게 언어발달에 훨씬 더 유익합니다.

아이가 말은 다 이해하는데 표현이 안 되니 얼마나 답답할까요? 이 답답함이 처음에는 옹알이로 표현되다가 좀 더 지나면 소리를 지르고, 던지고, 깨물고, 꼬집고, 때리는 등 폭력적인 행동으로 변할 수도 있습니다. 언어로 표현을 못 하니 행동으로 표출하게 되는데, 이러한 행동은 스트레스 환경에 지속적으로 노출되면 점점 더 악화될 수 있으니 조기에 언어치료 전문가와 상담하는 것이 좋습니다.

우리 아이 🔍 언어발달 솔루션

❶ 쉬운 단어를 연습시키세요

스트레스 환경에 놓여 언어에 대한 거부감을 가지고 있는 아이에게 무리하게 말을 가르치면 역효과를 불러올 수 있습니다. 그러니 먼저 /ㅁ, ㅂ, ㅃ, ㅇ/만 들어가는 쉬운 단어를 만들어 모방을 시도해보세요. 말이 트이지 않은 아이라고 해도 의외로 잘 따라 하는 모습을 관찰할 수 있습니다. "맘마, 빠빠, 뻬, 삐뽀, 비, 오빠, 이모, 뽀뽀" 등 아이가 산출할 수 있는 자음들로만 구성된 단어를 가르쳐줘서 말하기에 자신감을 심어주세요.

❷ 아이의 언어를 대신 말해주세요

의사소통 상황에서 아이가 말할 만한 문장을 아이의 입장에서 대신 말해주세요. 예를 들어 장난감 차를 아이에게 주면서 "차 주세요"라고 말하거나 과자를 주면서 "고맙습니다"라고 엄마가 대신 말해주는 방식입니다. 비슷한 상황에 반복적으로 같은 얘기를 해주면 아이의 언어가 촉진됩니다.

❸ 부모의 생각을 꾸준히 말해주세요

하고 있는 생각을 아이에게 말로써 꾸준히 전달하세요. 아이가 탄 자동차를 밀어주면서 "와~ 차가 간다"라고 말하거나, 물을 마시면서 "엄마는 지금 물 마셔요"라고 말하거나, 아이에게 옷을 입혀주고 "우리 수찬이 노란색 옷을 입으니까 참 예쁘다"라고 표현해주세요. 아이가 표현할 말 대신 부모의 생각을 그대로 표현하고 전달하는 것만으로도 아이는 언어에 자극을 받을 수 있습니다.

아이가 덩치는 큰데
언어가 느려 또래랑
어울리지 못해요.

우리 아이 괜찮은 걸까요?

37개월, 말이 늦게 트인 남자아이의 엄마입니다. 우리 아이는 12월 생이라 지금 5살인데, 또래보다 월령이 늦어 여러 가지로 5살에 한 참 못 미쳐요. 그중 언어발달 상태가 가장 느린 편인데, 말이 30개 월쯤 트여서 아직도 말을 잘 못합니다. 그나마 발육상태는 좋은 편 이지만, 힘이 세다 보니 어린이집에서 친구들이 말로 뭐라고 하면 때리고, 밀고, 소리 지르고 하는 등의 문제 행동을 많이 보입니다. 밖에서 하도 공격적인 성향을 보여서 그런지 집에 오면 아이가 항 상 지쳐 보입니다. 친구들을 보면 자꾸 공격하려고 하고, 저하고만 같이 있고 싶어 해서 어린이집을 계속 보내야 할지도 고민 중이에 요. 집에 있는 2살 동생과는 싸우지 않고 사이좋게 잘 놀거든요. 아 마도 동생이랑은 언어를 거의 사용하지 않아서 그러는 것 같아요. 아이가 말이 느려서 언어치료를 시작한 지 2개월이 되었는데, 언 어는 좋아지는 듯하지만 아이는 여전히 공격적이어서 또래와의 문 제를 어떻게 해야 할지 고민이에요.

언어가 늦으면 또래와
마찰이 있을 수 있습니다

앞의 사례에서 아이가 또래와 어울리지 못하고 공격적인 성향을 보인 것은, 언어발달이 늦어 발생한 문제라고 볼 수 있습니다. 아이가 12월생이라 같은 반 다섯 살 아이들보다 신체와 언어발달이 늦다 보니, 또래와 소통이 잘 안 되고 마찰이 생긴 것입니다. 언어를 제대로 구사할 수 없는 상황에서 자신의 의사 표현을 제대로 할 수 없으니 말보다 힘이 앞서게 되고, 결국 공격성을 띠게 되었습니다. 아이는 지금 스트레스 상황에 놓여 있습니다. 만약 이런 스트레스에 지속적으로 노출된다면 공격성은 더욱더 높아질 것입니다.

어린이집에 상담을 요청해서 반 편성을 다시 받아보세요. 아이의 언어발달이 또래보다 1년 이상 늦어서 같은 나이 아이들과 생활이 어려울 것 같다고, 한 살 어린 반으로 편성해줄 것을 요청해야 합니다. 언어를 많이 사용하지 않고도 함께 노는 것이 가능한 동생과는 별다른 문제없이 지내는 것으로 보아, 언어 수준이 비슷한 집단에서는 큰 문제를 보이지 않을 것으로 보입니다. 언어치료를 받고 있으니 약 6개월에서 늦어도 1년 정도면 또래 수준으로 언어를 따라 잡을 수 있을 것입니다. 그렇다면 우선은 4살 반으로 연령대를 낮춰서 어린이집에 다니다가 내년에 정상적으로 6살 반에 진학하는 방법도 있으니 고려해보세요.

아이들의 발달은 개인별로 그 속도에 큰 차이를 보입니다. 또, 같은 연령이라고 해도 개월 수에 따라 큰 차이를 보입니다. 불과 한두 달 사이에도 사용하는 언어의 수준이 달라지고, 걷거나 뛰는 것에 차이를 보이기도 하니까요. 같은 월령에도 키가 큰 아이가 있고, 몸무게가 적게 나가는 아이가 있고, 말을 유창하게 하는 아이가 있고, 그렇지 않은 아이도 있습니다. 따라서 우리 아이가 5살이라고 해서 반드시 5살의 교육을 받을 필요는 없습니다. 가장 좋은 교육환경은 아이가 스트레스를 받지 않는 것입니다. 스트레스 없는 환경에 있다 보면 아이의 언어발달도 훨씬 더 좋아질 수 있으니 기대해보세요.

우리 아이 언어발달 솔루션

❶ 아이와의 교감이 가장 중요합니다

또래보다 말이 늦어지면 부모의 걱정은 커집니다. 그래서 아이에게 말을 따라 하라고 강요하거나 무작정 단어를 주입시키는 경우도 많이 있습니다. 하지만 이는 오히려 부작용을 불러올 수 있습니다. 아이가 말을 하기 위해서는 우선 아이가 말하는 것 자체를 즐겨야 합니다. 학습이 아닌 일상에서 아이와 하루 30분~1시간가량 꾸준히 대화를 시도하며 교감을 형성한다면, 단어나 문장 활용률이 높아져 좀 더 빨리 언어를 습득할 수 있습니다.

❷ 아이를 스트레스에 노출시키지 마세요

언어에 대한 부담이 생기면 아이는 스트레스를 받게 됩니다. 아이가 스트레스에 노출되어 있는 건 아닌지 아이의 입장에서 생각해보세요. 이런 상황에서는 아이가 공격성을 나타내거나 말하기 자체를 거부할 수 있습니다. 무리하게 언어치료를 하거나 또래와 어울리기를 강요하지 마세요.

❸ 말하는 것을 놀이로 여기게 해주세요

아이가 좋아하는 음식을 함께 만들어 먹거나 장난감을 가지고 놀며 대화를 이끌어내세요. 그림 그리기, 만들기, 요리하기, 물놀이 등 놀이를 통해 오감을 골고루 자극해주면 언어발달에 도움이 됩니다.

"
친구들과 놀 때
심하게 욕을 해요.
"

우리 아이 괜찮은 걸까요?

지석이는 40개월에 접어든 남자아이에요. 결혼 후 5년 만에 얻은 외아들이라 온 집안 식구가 사랑해주고 있어요. 사랑을 많이 받아서 그런지 언어도 빨리 트였고, 발육도 빠르고, 성격도 무척 활발합니다. 그런데 얼마 전부터 아이에게 나쁜 버릇이 생겼어요. 집에서 블록놀이나 퍼즐을 할 때 뜻대로 안 되면 "아이 씨!"라며 욕을 하고 가끔 더 심한 욕도 합니다. 아이가 욕하는 것을 처음 봤을 때 난생처음으로 크게 혼냈습니다. 그러고 나니 요즘은 "아이……"라고 하다가 눈치를 보고 그만두기도 하는데, 그냥 입 밖으로 뱉어버릴 때가 더 많습니다. 그리고 가끔 제 앞에서 뜬금없이 새로운 욕을 하고 혼자 깔깔거리며 도망가기도 합니다. 어린이집에서도 지석이가 아이들과 놀면서 욕을 많이 한다고 가정에서 지도할 것을 신신당부하시더라고요. 정말 얼굴이 화끈거렸습니다. 집에서는 저도 남편도 욕을 한 적이 없는데 대체 어디서 배웠는지 모르겠어요. 아이가 욕을 하지 않게 하려면 어떻게 해야 할까요?

아이가 왜 욕을 하는지
이유를 파악해야 합니다

어느 날 갑자기 욕을 시작한 아이 때문에 당황해하는 부모가 생각보다 많습니다. 그만큼 아이들의 욕하기는 성장 과정에서 흔하게 나타나는 현상이고, 욕을 하는 이유도 다양합니다. 아이는 욕이 정확하게 어떤 의미를 갖고 어떤 용도로 쓰이는지 모른 채 그냥 따라 한 것일 경우가 가장 많습니다. 아이 입장에서는 새로 들은 단어가 재미있어서 따라했을 뿐, 아마 그 행동이 잘못됐다는 생각은 하지 못했을 가능성이 큽니다.

욕을 하는 또 다른 이유는 주목을 받고 싶어서 거친 말을 하는 경우입니다. 아이가 혼자 부모의 사랑을 독차지하다가 동생이 태어나 관심이 동생에게 쏠리면, 아이는 다시 자신에게 시선을 돌리기 위해 욕을 하기도 합니다. 욕을 하고 난 직후 부모가 놀란 표정을 짓는 등 자신에게 관심을 보이는 것을 즐기는 것입니다. 이런 경우 아이는 욕의 뜻을 정확히 알지는 못하지만, 그로 인해 자신의 서운한 감정, 속상한 감정, 화난 감정을 간편하게 표현할 수 있다고 생각하게 됩니다.

마지막으로 스트레스를 해소하려는 목적이나 공격성이 바탕이 되어 욕하는 경우가 있는데, 아직 정체성이 확립되지 않은 아이들이 이런 이유로 욕을 한다는 건 매우 위험한 징후입니다. 욕을 했을 때 당황하고 놀라는 부모를 보면서 아이는 욕이 강력한 힘을 갖는다고 착각하게 됩니다. 그래서 또래 관계에서도 무언가 자기 뜻대로 되지 않을 때는 어김없이 욕의 강력한 힘을 빌리게 되는 것입니다. 즉, 차분한 대화보다 공격적인 욕을 더 많이 사용하게 됩니다.

대부분의 부모는 아이가 욕을 하는 것을 처음 목격하면 그 즉시 아이를 다그치고 혼냅니다. 하지만 그보다 먼저 아이가 왜 욕을 하게 되었는지 원인을 파악하는 것이 중요합니다. 욕을 했다고 아이를 무조건 비난하고 혼내면 아이가 수치심을 느껴 더욱 화를 내거나 마음의 문을 닫아버릴 수 있기 때문에 이는 옳은 훈육방법이 아닙니다. 하지만 분명한 것은 아이가 욕을 하기 시작했다면 반드시 바로 잡아야 한다는 것입니다.

아이가 뜻은 모르고 단순히 어감이나 단어의 신선함 때문에 재미로 욕하는 경우가 종종 있습니다. 그럴 때는 욕이 나쁜 의미를 담고 있는 표현이라는 것을 알려주고, 욕을 사용하면 상대방의 기분을 해칠 수 있다는 것도 알려 주어야 합니다. 욕 자체에 강력한 힘을 실을 수 있다는 착각을 하지 않도록 반드시 부모는 자신의 감정을 추스른 후 차분하게 얘기해야 합니다.

또, 아이가 욕을 한 이유를 충분히 물어보고 아이의 감정에 적극적으로 공감해주세요. "그래, 정말 속상했겠네. 그래서 그런 말을 쓴 거구나"라고 말하며 아이의 감정을 다독여주고, 그런 다음에는 화가 나거나, 속이 상하거나, 서운할 때 표현할 수 있는 욕이 아닌 다른 말을 알려주세요. 단순하게 '화나, 속상해, 서운해'라고 알려주어도 됩니다.

부모가 자신의 이야기에 귀를 기울이고 감정을 표현하는 법을 알려주면, 아이는 더 이상 욕을 통해 감정이나 불만을 표출하지 않게 됩니다. 물론 부모가 평소 바른 언어 습관을 보여주었다 해도 아이가 거친 언어 습관을 가질 수는 있습니다. 이럴 때는 아이의 행동에 크게 놀라거나 당황하지 말고, 차분하게 아이의 말을 들어주고 공감해주며 부드럽게 회유하는 것이 좋습니다.

욕을 하지 않는 부모 밑에서 자란 아이도 '때론' 욕을 합니다. 하지만 욕을 하는 부모 밑에서 자란 아이는 '반드시' 욕을 합니다. 아이들은 가까이에서 함께 생활하는 부모를 가장 많이 모방하기 때문입니다. 그러니 부모가 먼저 모범이 되어야 합니다. 아이가 쓰지 않았으면 하는 단어는 부모가 먼저 사용하지 말아야 합니다. 아이가 없을 때 은어나 비속어를 사용하지는 않는지, 친구나 가족과 통화하며 거친 표현을 하지는 않는지, 운전 중에 무의식적으로 욕을 하지는 않는지 한 번쯤 돌아보세요.

우리 아이 언어발달 솔루션

❶ 아이가 욕을 하고 나서 부모의 반응을 살핀다면 무시하세요

아이는 부모의 반응이 재미있어서 욕을 하기도 합니다. 만약 아이가 새로운 욕을 하고 웃으면서 부모의 반응을 살핀다면 그냥 모른 척하세요. 무관심하게 굴면 아이는 욕으로 관심을 끄는 행동을 더 이상

하지 않습니다.

❷ 아이의 이야기를 들어주세요

자신의 화나는 감정을 표현하거나 부모를 화나게 할 목적으로 욕을 한다면 대화를 통해 아이의 이야기를 들어주세요. 욕을 하면 그 자리에서 바로잡아야 하지만 무작정 꾸짖는 것은 오히려 아이의 마음을 닫게 합니다. 부드럽고 차분하게 아이의 감정에 공감해주세요.

"조금 전에 왜 욕을 한 거야?"
"욕하니까 지석이 기분이 어때?"
"친구는 기분이 어떨 것 같아?"
"그럼 다음에는 어떻게 해야 할까?"
"속상해서 그랬구나, 엄마도 지석이처럼 속상했을 거 같아. 그래도 욕을 하면 기분이 더 상하니까 다음부터는 그러지 말라고 이야기하자"

❸ 욕 대신 감정을 표현할 수 있는 말을 알려주세요

남자아이들은 두렵거나, 화가 나거나, 울 것 같으면 부끄러움을 느낍니다. 이런 부끄러움은 때론 분노가 되어 욕을 하거나 폭력을 쓰는 방향으로 연결되기도 합니다.

아이가 욕을 할 때마다 "뜻대로 안 돼서 속상해요", "마음처럼 잘 안 돼요", 등 그때그때의 상황에 맞게 욕 대신 감정을 말로 표현할 수 있도록 도와주세요. 그리고 여러 가지 감정이 드는 것은 결코 부끄러운 일이 아니라고 말해주세요.

> **"**
> # 5살 남자아이인데,
> # 남자랑은 말도 안 하고
> # 여자랑만 놀아요.
> **"**

우리 아이 괜찮은 걸까요?

48개월 된 남자아이 엄마입니다. 아이가 작년부터 어린이집에 다
니고 있어요. 친구들과도 잘 어울리고 언어발달 및 신체 발달도 문
제없이 잘 이루어지고 있어서 특별한 걱정이 없었어요. 그런데 아
이가 5살 반에 올라가면서는 남자아이랑은 말도 거의 하지 않고
여자아이랑만 놀아요. 소꿉놀이할 때면 무조건 자기가 엄마를 한
다고 우기고, 장난감도 자동차나 로봇보다 소꿉놀이 세트나 인형
세트처럼 여자아이들이 주로 좋아하는 놀잇감만 선호해요. 평소에
도 아빠 말투보다는 엄마 말투를 훨씬 더 많이 모방하고 무엇보다
여자처럼 말하는 게 신경 쓰여요. 아이가 워낙 '부끄럽다, 속상하
다, 화났다, 기쁘다, 행복하다' 등의 감정 표현을 잘 하는 편이지만
너무 여성스러운 게 아닌가 걱정이에요. 이런 고민을 넌지시 얘기
하니 아이 아빠는 펄펄 뛰며 나중에 커서 정말 큰일 난다며 여자애
들 장난감을 모두 치우라고 성화예요. 아이가 왜 여자아이처럼 굴
까요? 혹시 어떤 문제가 있는 건 아닐까요?

아이들은 보통 만 3~5살 사이에 자신의 성별이 남자인지 여자인지 인식하기 시작합니다. 이전에는 남자와 여자를 구분하지 않고 행동했지만, 성별을 인식한 이후부터 아이에게는 성별에 대한 고정관념이 서서히 자리 잡게 됩니다. 남자는 치마를 입으면 안 되고, 무서워해서도 안 되고, 항상 씩씩해야 하고, 울면 창피한 거고, 운동도 잘해야 한다고 생각합니다. 여기에서 조금이라도 벗어나면 정체성이 흐트러질까 봐 두려워하고 불안해합니다.

성별을 인식하기 전에는 남자아이의 머리를 고무줄로 묶고 리본을 달아줘도 아이는 아무런 거리낌이 없습니다. 오히려 재미있어하거나 혹은 전혀 신경을 쓰지 않죠. 하지만 성별을 인식한 이후 남자아이에게 드레스를 입히거나 매니큐어를 발라주면 혹시 여자가 되는 건 아닐까 두려워하고 불안한 마음을 갖습니다. 정체성의 핵심을 빼앗기는 것을 두려워하는 것입니다.

하지만 남자아이가 여자아이들과 어울리고, 여자아이들의 놀이를 즐기고, 여자아이들의 말투를 쓴다고 해서 걱정할 필요는 전혀 없습니다. 아이는 아직 자신의 성별을 정확하게 파악하지 못하고 있는 것입니다. 이제 얼마 후면 서서히 깨닫기 시작해서 초등학교 들어갈 무렵부터는 자신의 성별을 정확히 알게 되고, 동성 친구들과 놀려고 하는 경향이 강해집니다. 그렇기 때문에 지금 여자아이들의 놀이를 하는 것은 오히려 다양한 역할놀이를 통해 더 많은 것을 배울 좋은 기회로 삼으면 됩니다.

아이에게는 어른이 판단할 때 하지 말아야 할 행동을 하는 시기가 있습니다. 각 연령마다 충족해야 하는 것들이 있기 때문입니다. 모든 물건을 닥치는 대로 입에 가져가 빠는 '구강기'를 충족해야 하고, 배변을 연습할 때는 성기를 만지는 행동을 하기도 합니다. 하지만 이런 행동을 무조건 못하게 막으면 크면서 문제가 나타납니다. 5살은 한창 호기심이 많을 나이입니다. 그렇기 때문에 여자놀이도 해보고, 어른들이 하는 것들도 해보려고 합니다. 이런 호기심을 제때 충족하지 못하면 오히려 성인이 되어 뒤늦게 문제를 일으킬 수 있습니다.

무조건 여자아이들이 하는 놀이를 못하게 하는 것보다는, 남자아이들이 주로 놀이도 같이 번갈아 가며 시키는 것이 중요합니다. 여아든 남아든 남성성과 여성성 어느 한쪽에만 치우치지 않고 균형을 이루도록 양성성을 키워주세요. 창의성과 통합 능력을 발달시킬 수 있습니다. '남자답게, 여자답게'라는 성 역할에 강요받지 않고 다양하게 행동하면 선택의 폭이 넓기 때문에 자신의 생각을 다양하게 표현할 수 있고 독창성까지 키울 수 있습니다. 그뿐만 아니라 성별을 떠나 풍부한 감정 연습을 할 수도 있습니다.

꼭 성을 기준으로 나누려는 것은 아니지만, 일반적으로 남자아이들은 자신의 세밀하고 진솔한 감정을 표현하는 것을 매우 어려워합니다. 감정 표현이 어렵기 때문에 속으로 부끄럽고, 불안하고, 화나고, 슬픈 감정들을 꾹 눌러 참거나 폭력적으로 표출하기도 합니다. 하지만 양성성을 키워주면 이런 감정 표현에 있어서 좀 더 섬세하게 표현이 가능합니다. 즉, 안으로 담아두는 것 없이 자연스럽게 언어로 표현이 가능해서 폭력을 사용하지 않고, 정서적으로도 큰 안정감을 느낄 수 있습니다. 남자아이가 여자아이와 어울리고 여자아이의 놀이를 즐긴다고 걱정하지 마세요. 아이는 지금 여러 가지 다양한 경험을 쌓고 있는 중입니다.

우리 아이 💡
언어발달 솔루션

❶ 아이의 흥미를 존중하는 선에서 신체 활동을 시켜주세요

여자아이라고 모두 인형놀이, 소꿉놀이를 좋아하는 게 아닌 것처럼 남자아이라고 해서 모두 축구나 야구, 태권도를 좋아하는 것은 아닙니다. 아이가 어떤 신체 활동을 하고 싶어 하는지 의견을 물어본 후 상황에 따라 함께 즐겨주세요.

❷ 아빠가 적극적으로 놀아주세요

아이들은 부모의 모습을 보고 자연스럽게 남성과 여성의 역할을 배웁니다. 성 정체성이 자리 잡지 않은 아이에게 남자와 여자의 고정관념을 심어줄 필요는 없습니다. 다만 남자아이가 엄마의 말투와 행동을 모방하고 여자아이와만 어울린다면 남자 즉, 아빠의 존재가 상

대적으로 작게 느껴져서일 가능성이 있습니다. 남성, 여성의 역할을 가르치기보다는 아빠의 존재를 더 크게 느끼도록 해주세요. 말타기, 공놀이, 술래잡기 등 아빠가 적극적으로 아이와 놀아주고 대화도 꾸준히 하며 충분한 상호작용을 해주세요.

❸ 성별을 나누는 말을 하지 마세요

성별에 대한 고정관념을 심어주는 말은 삼가세요. 아이에게 여자답게, 남자답게를 강요하는 것은 바람직하지 않습니다. 성 정체성이 완전하지 않을 때는 양성성을 키워주는 것이 아이의 두뇌발달에 훨씬 더 도움이 된다는 것을 기억하세요.

┌ 여자애가 왜 이렇게 드세니?
│ 여자애가 피아노도 못 치니?
│ 여자니까 얌전하게 행동해!
│ 남자애가 왜 이렇게 우니?
│ 남자는 씩씩해야지.
└ 남자애가 운동을 잘해야지.

말을 더듬어
늘 주눅 들어 있어요.

우리 아이 괜찮은 걸까요?

아이가 5살 때부터 조금씩 말을 더듬다가 6살이 되면서 더 심하게 말을 더듬기 시작했습니다. 얼마 전 유치원에 다니는 한 친구 엄마에게 충격적인 얘기를 전해 들었습니다. 유치원 친구들이 우리 아이의 말을 흉내 내거나 심하게 놀린다고 합니다. 매일 아침 유치원에 가기 싫다는 아이를 어르고 달래 억지로 보냈었는데, 아이가 상처를 크게 받았을까 봐 걱정입니다. 아이도 자신이 말을 더듬는다는 걸 잘 알고 있습니다. 가끔 말을 심하게 더듬을 때면 크게 한숨을 쉬며 "말이 너무 힘들어요"라고 말하는데, 너무 가슴이 아픕니다. 사실 말을 더듬기 시작했을 때 제가 고쳐주려고 혼냈던 게 문제가 된 것 같습니다. 최근에야 아이가 말을 더듬을 때 지적하거나 혼내서는 안 된다고 하는 내용을 인터넷에서 봤습니다. 아이가 저 때문에 더 말더듬 증상이 심해진 것 같아 죄책감마저 듭니다. 게다가 말을 더듬는 것도 문제지만 친구들과 어울리지 못하고 늘 주눅 들어 있어 그것도 걱정입니다.

시간이 지나면 말더듬은
자연스럽게 사라질 수 있습니다

말더듬은 수백 개의 원인이 있어 아직 명확하게 '이것 때문이다' 라고 밝혀진 것이 없습니다. 하지만 말더듬은 대부분 부모로부터 시작됩니다. 보통 아이들은 5살 때 말더듬을 보이는데, 이것을 그냥 지나친 아이와 부모의 지적이 있던 아이의 2년 뒤 모습을 비교하면, 큰 차이가 보입니다. 그냥 지나친 경우에는 대부분 말더듬이 사라지지만, 아이의 말이 잘못됐다고 고치려고 하거나, 더듬지 말고 다시 얘기하라며 아이의 말에 부정적인 인식을 준 경우에는 말더듬이 더 진전되었을 때가 많습니다.

지금이라도 늦지 않았습니다. 가정에서 지켜야 할 몇 가지 원칙만 지키면 호전되는 경우가 더 많습니다. 하지만 말더듬이 너무 심하거나 아이가 힘들어하는 경우에는 적절한 치료를 권합니다. 우선 아이가 말을 더듬어도 모른 척해주세요. 아이는 자기가 말할 수 있는 것보다 높은 수준의 말을 하려고 생각했을 때 첫음절을 더듬는 경우가 꽤 많습니다. 이는 8살쯤이 되어 몸이 성숙해지면 사라지는 것이 대부분인데, 이것이 잘못됐다고 지적을 받으면 아이는 신경 써서 말을 하려다 오히려 말더듬이 진전될 수 있습니다.

아이가 말을 하면서 더듬어도 중간에 거들지 말고 아이가 말을 끝까지 하게 기다려 주어야 합니다. 또한 아이가 흥분했을 때는 더욱 말을 더듬기 때문에 이런 상황에서 말을 하는 것은 피하는 것이 좋습니다. 아이가 말더듬을 부정적으로 생각하지 않을 시점에 첫음절을 길~게 말하는 방법을 알려주면 말더듬이 상당히 호전되는 것을 볼 수 있습니다.

아이의 자신감을
키워주세요

아이가 말더듬 때문에 또래와 잘 어울리지 못하고 주눅 들어 있어 걱정이라면 아이의 자신감을 키워주기 위한 노력을 함께해 주세요. 늘 주눅 들어 지내는 아이들은 스스로에 대한 만족감이 매우 낮습니다. 또 무언가를 선택해야 할 때 항상 망설이게 됩니다. 그뿐만 아니라 자신의 의견이나 감정을 제대로 표현하지 못하거나 새로운 것에 도전하는 것을 힘들어하고, 또래 아이들과 잘 어울리지 못하기도 합니다.

이런 상황을 그대로 방치하게 된다면 아이는 사회성이 크게 떨어집니다. 또 자존감이 낮아져 일상생활에서 큰 불편함을 겪게 되고, 심각한 경우 대인공포증이나 불안증으로 발전해 성인이 되어서도 힘들어질 수 있습니다. 따라서 아이에게 자신감을 심어주는 것은 반드시 필요합니다.

말더듬 때문에 풀죽어 있는 아이라고 해도, 즐거워하고 기뻐하는 순간들은 분명 있습니다. 그러한 순간이 어떤 것인지 부모가 눈여겨보는 게 가장 중요합니다. 즉, 아이에게 관심을 가져주세요. 부모의 따뜻한 관심이 아이에게는 큰 힘이 됩니다.

또 아이의 행동을 칭찬할 때는 항상 적극적으로 칭찬해주세요. 아이들은 조그만 지적에도 크게 위축되거나 눈치를 보는 경향이 있기 때문에 자신감 상승을 위해서는 작은 일에도 칭찬을 해주는 태도가 꼭 필요합니다.

이밖에도 다른 아이들과 비교하는 것을 자제하고, 실수했을 때도 되도록 아이의 입장에서 이해해주세요. 지지하고 다독여주면 아이가 부모를 믿고 의지하게 됩니다. 아이와 진정으로 소통하며 항상 아이의 편이 되어줄 것이라는 강한 믿음을 심어주는 것. 그것이 아이에게 자신감을 심어줄 수 있는 가장 좋은 방법이라는 것을 꼭 기억해주세요.

우리 아이 언어발달 솔루션

❶ 인사하는 습관을 길러주세요

항상 주눅 들어 지내는 아이들은 목소리도 작고 자신의 의견을 내거나 감정을 표현하는 데 익숙하지 않습니다. 그래서 인사를 먼저 건네는 것을 어려워하기도 합니다.

이럴 때는 동네 마트, 문구점, 세탁소, 엘리베이터에서 만난 이웃, 택배기사님들께도 항상 큰 목소리로 반갑게 인사하는 모습을 자주 보여주세요. 인사하는 모습이 익숙해진 아이는 엄마의 행동을 모방해 인사하는 습관을 기를 수 있습니다. 만약 아이가 엄마를 따라 함께 인사했다면 적극적으로 칭찬해주세요.

❷ 신체 활동을 함께해 주세요

아이의 활동성을 높이고 근력을 키워주며 자신감을 빠르게 상승시킬 수 있는 신체 활동을 함께해 주세요. 태권도, 검도 등 학원에서 체육 활동을 시켜주는 것도 좋지만, 주말에 가까운 야외로 소풍을 가거나 캠핑을 하면서 부모와 함께하는 야외 활동 시간을 늘려보세요. 야외에서 하는 여러 가지 신체 활동을 통해 아이들은 적극성을 키우며 자신감을 얻을 수 있게 됩니다.

"

내 아이
말문이 트이는
언어자극 놀이법

"

• 말문이 빨리 터지는 언어자극 놀이

• 소통능력을 향상시키는 언어자극 놀이

• 어휘력을 키우는 언어자극 놀이

• 인지능력과 학습능력을 높이는 언어자극 놀이

• 자율성을 키우는 언어자극 놀이

집에서 즐겁게 놀며
아이의 말문을 열어주세요

혹시 집에서 아이와 잘 놀아주시나요? 아이들에게 있어 놀이는 두뇌, 신체, 언어발달을 촉진하는 최고의 활동입니다. 재미있는 놀이를 통해 아이가 즐거운 환경에서 여러 가지 경험을 한다는 것은 발달상 좋은 결과를 얻게 합니다. 아이는 놀이를 통해 부모와 충분히 상호작용을 할 수 있고, 그러한 과정을 통해 언어발달이 활발하게 이루어질 수 있습니다.

꼭 특별하고 대단한 놀이법일 필요는 없습니다. 놀이공원에 놀러 가거나 놀이터로 나가야만 아이와 놀아줄 수 있는 것은 아닙니다. 많은 시간을 투자하거나 값비싼 교구를 활용하지 않아도 가능합니다. 빈 페트병이나 양말, 종이컵, 그 밖의 가정에 있는 다양한 소품들을 활용해서 얼마든지 즐거운 놀이를 할 수 있습니다. 무엇보다 아이와 눈을 맞추고, 즐겁게 대화를 하고, 자연스럽게 스킨십하며 유대감을 형성하면 그 자체로 좋은 놀이가 될 수 있습니다. 작고 사소한 놀이여도 먼저 시작해보세요.

아이는 누군가와 함께하는 놀이에서 두뇌에 가장 많은 자극을 받습니다. 부모와 끊임없이 대화하며 즐거운 시간을 보내면 아이의 뇌 발달과 함께 언어 수준을 한 단계 더 끌어올릴 수 있다는 사실을 꼭 기억하세요.

말문이 빨리 터지는 언어자극 놀이

딸랑딸랑, 입으로 말해요

적정연령 : 생후~3개월 | **준비물** : 딸랑이등 소리 나는 장난감

딸랑딸랑~

놀이 방법

1 아이에게 다양한 소리를 들려주며 소리에 반응하는지 살펴봅니다.

2 아이가 딸랑이 소리가 나는 쪽으로 시선을 돌리는지 확인하세요.

3 장난감의 소리를 입으로 모방해주세요. 이때 다양한 톤의 의성어를 들려주는 것이 좋습니다. 단, 아이의 청각을 상하게 할 수 있으니 주의하세요.
　ex. "딸랑딸랑~ 종소리가 나네? 예쁜 종소리다~", "찰랑찰랑 방울소리는 어디서 날까요?"

4 아기의 손끝이 우연히 딸랑이에 닿으면 언어로 설명해주세요.
　ex. "우리 OO가 손으로 딸랑이를 만졌구나~"

기대 효과

1 딸랑이는 눈과 손의 협응력을 키워줍니다.

2 아이가 커갈수록 신체 부위를 이용해 다양한 외부 대상을 탐색할 기회를 주는 것이 중요합니다.

3 부모가 아이의 행동을 언어적으로 읽어주면, 아이의 행동발달을 도울 수 있습니다.

손거울 놀이

적정 연령 : 2~6개월 | 준비물 : 손거울

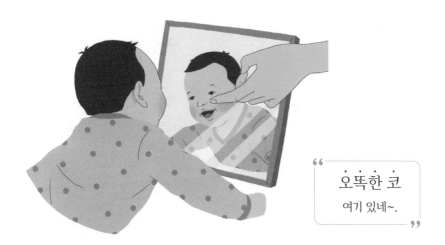

" 오똑한 코
여기 있네~. "

놀이 방법

1 집에 있는 손거울을 준비합니다.

2 아이와 함께 거울을 보며 신체 부위를 말로 표현해보세요.

3 이때 신체 부위에 대한 어휘도 함께 알려주면 좋습니다.
   ex."반짝반짝 여기 눈이 있네?", "오똑한 코도 있고, 앵두 같은 입도 있어요, 엄마(아빠)
   얼굴이랑 똑같네?"

4 아기의 얼굴이나 부모의 얼굴을 직접 가리키며 신체 접촉을 해보세요.

기대 효과

1 거울은 언어자극을 줄 수 있는 좋은 도구입니다.

2 부모의 얼굴을 자주 보면 애착관계를 형성할 수 있습니다.

3 아이는 자신의 얼굴을 보며 자아 정체성을 형성할 수 있어 좋습니다.

'퐁'하고 터지는 비눗방울 놀이

적정 연령 : 16-24개월 | **준비물** : 비눗방울

> 누가누가 더
> 크게 부나 해볼까?

놀이 방법

1 비눗방울을 준비합니다.

2 엄마(아빠)와 아이가 번갈아가며 비눗방울을 붑니다.

3 필요에 따라 누가 더 큰 비눗방울을 만드는지 경쟁을 해봐도 좋습니다.

4 "누가누가 더 크게 부나 해볼까?", "어떤 게 더 크지?", "손가락으로 터트려봐.", "퐁! 하고 터졌네?" 등 놀이를 하며 꾸준히 말을 걸어주세요.

기대 효과

1 비눗방울 불기는 아이들의 구강 근육을 단련시켜 말하기에 도움을 줍니다.

2 아이와 부모가 함께 비눗방울 놀이를 하며 애착관계를 형성할 수 있습니다.

후~! 탁구공 빨리 불기

적정 연령 : 16-24개월 | 준비물 : 탁구공

후~ 누구 공이
더 앞에 있나?

놀이 방법

1 탁구공을 준비합니다.

2 목표 지점을 정해두고 바닥에 엎드려 엄마(아빠)와 탁구공을 불어봅니다.

3 이때 '후' 소리를 내거나 '파' 소리를 내며 탁구공을 붑니다.

4 탁구공이 먼저 도착하는 시합을 해도 좋습니다.

5 둘 중 한 사람이 탁구공 시합을 중계해도 재미있습니다.

기대 효과

1 탁구공 놀이를 반복하다 보면 구강 근육 및 조음기관을 단련할 수 있어 말하기에 도움이
됩니다.

2 촛불 끄기, 호루라기 불기, 민들레 씨 불기 등의 놀이로도 대체할 수 있습니다. 모두 입
주변의 근육을 단련하는 놀이입니다.

02

소통능력을 향상시키는 언어자극 놀이

소꿉놀이

적정 연령 : 12-24개월 | **준비물** : 소꿉놀이 세트

> " 우아~
> **토닥토닥**도 해주네? "

놀이 방법

1 가상의 상황을 재현할 수 있는 놀잇감을 준비해주세요.

2 소꿉놀이 상황을 설명해주고 누가 어떤 역할을 할지 아이와 상의해보세요.

3 아이에게 지나치게 많은 질문을 하기보다 먼저 아이가 할 수 있도록 지켜봐 주세요. 부모가 놀이를 주도하지 않는 것이 좋습니다.

4 대신 아이에게 어떤 행동을 하면 그 행동을 그대로 말로 표현해주세요.
   "OO가 흔들흔들 아기를 재우네? 자장가를 불러주는 거야?", "우와~ 토닥토닥도 해주네?"

기대 효과

1 아이는 놀이를 통해 어른들의 행동을 모방합니다. 소꿉놀이를 하며 커피 마시는 모습을 모방하기도 하고, 아기를 돌보며 자장가를 불러주는 모습을 모방하기도 합니다.

2 아이의 행동을 부모가 말로 읽어주면, 아이가 놀이의 전개를 주도적으로 이어나가기 쉽습니다.

종이컵을 이용한 전화 놀이

적정 연령 : 16-24개월 **| 준비물** : 종이컵 2개, 털실, 송곳

> **똑똑~거기
> 누구 있어요?**

놀이 방법

1 아이에게 종이컵 전화기를 보여주고 흥미를 유발합니다.

2 종이컵 전화기를 자유롭게 만지며 탐색할 수 있도록 합니다.

3 전화기를 만지며 반응하는 아이의 반응에 따라 적절한 말을 들려줍니다.

4 아이가 쥐고 있는 반대편 종이컵을 입에 대고 아이의 이름을 부릅니다.

5 아이를 안고 있는 엄마는 종이컵을 아이 귀에 대줍니다.

6 아이가 아빠의 목소리를 듣고 언어로 반응할 수 있도록 격려합니다.

기대 효과

1 종이컵을 이용한 전화 놀이는 아이의 언어발달에 효과적인 자극을 줍니다.

2 엄마 아빠와 함께 놀이를 함으로써 안정적인 애착 형성에 도움이 됩니다.

3 아이는 언어로 소통하는 과정에서 정서적인 안정과 만족감까지 느끼게 됩니다.

어휘력을 키우는 언어자극 놀이

동화책을 이용한 의성어/의태어 놀이

적정 연령 : 10-18개월 | **준비물** : 의성어/의태어가 많은 동화책

> 개굴개굴~
> 삐악삐악~.

놀이 방법

1 의성어와 의태어가 많은 동화책을 준비해주세요.

2 아이와 함께 책을 보면서 개굴개굴(개구리), 삐악삐악(병아리), 짹짹짹(참새), 엉금엉금 (거북이)과 같이 내용을 읽어주고 실제 소리도 들려주세요.

기대 효과

1 의성어와 의태어는 아이에게 심리적 안정감을 줍니다.

2 의성어와 의태어는 아이의 집중력을 높여주는 말소리로, 청각 발달에 큰 도움이 됩니다.

미끌미끌 로션놀이

적정 연령 : 10-24개월 | **준비물** : 베이비 로션

> "
> 보들보들,
> 매끈매끈.
> "

놀이 방법

1 아침 세수 후, 또는 저녁 목욕 후에 아이에게 로션을 발라줍니다.

2 로션을 바를 때는 "쭈욱 쭈욱~ 로션이 나왔어요", "보들보들, 매끈매끈, 미끌미끌!", "아이, 차가워요"라고 이야기하면서 다양하게 표현해줍니다.

3 아이가 로션 바르기를 재미있는 놀이로 받아들이면서 다양한 표현을 익히게 합니다.

기대 효과

1 표현력이 부족한 아이가 부모가 하는 표현을 통해 새로운 어휘를 배우며 표현력을 키울 수 있습니다.

2 아이는 몸에서 느껴지는 다양한 감각을 어휘와 연결하여 알 수 있게 됩니다.

동작 명령 놀이

적정 연령 : 16-24개월 | **준비물** : <즐겁게 춤을 추다가 그대로 멈춰라> 음악

"
그대로
멈춰라~!
"

놀이 방법
1 <즐겁게 춤을 추다가 그래도 멈춰라> 음악을 준비합니다.
2 아이에게 음악을 틀어주고, 함께 몸을 움직이다가 음악을 끄면서 여러 가지 동작을 주문하세요.
3 '그대로 멈춰라', '그대로 앉아라', '그대로 뛰어라', '그대로 누워라' 등 다양한 움직임을 주문해보세요.
4 부모가 그 동작을 함께함으로써 아이가 따라 하며 배울 수 있도록 해주세요.

기대 효과
1 동작을 통해 습득한 어휘는 아이의 기억에 오래 남을 수 있으니, 신나게 춤추며 어휘력을 키울 수 있게 해주세요.

인지능력과 학습능력을 높이는 언어자극 놀이

볼링 놀이

적정 연령 : 18-36개월 | **준비물** : 빈 페트병 10개, 장난감 공

> " 몇 개를 맞히려나? "

놀이 방법

1 깨끗이 씻어 말린 빈 페트병을 맨 앞에 한 개, 뒤에 두 개, 그 뒤에 세 개, 네 개, 줄을 맞춰 볼링 핀처럼 세웁니다.

2 아이의 장난감 공을 바닥에 굴려 페트병을 맞혀봅니다. 이때 먼저 시범을 보여주세요.

3 아이가 굴리면 함께 가서 페트병을 다시 세웁니다. 몇 개나 쓰러뜨렸는지 숫자를 세어주세요.

4 숫자 세기를 가르친다기보다 숫자에 노출시킨다는 기분으로 가볍게 놀이를 진행하세요.

주의점

1 아직 수의 개념이 없는 아이에게는 숫자 세기를 너무 강요해서는 안 됩니다. 아이는 놀이가 아닌 학습이라는 생각이 들면 바로 흥미를 잃을 수 있기 때문입니다.

2 아이가 수 개념을 익히려면 만 3세는 돼야 합니다.

수수께끼 놀이

적정 연령 : 24개월 이후

‘부릉부릉’
소리를 내요.

놀이 방법

1 아이가 최근 사용하기 시작한 어휘로 수수께끼 놀이를 해보세요.
2 아이가 최근 자동차라는 말을 사용하기 시작했다면 엄마(아빠)가 힌트를 주세요.
3 "부릉부릉", "타고 갈 수 있어요", "아빠도 있어요", "지난주에 할머니댁에 타고 갔어요" 등 다양한 힌트를 주면서 아이가 ‘자동차’라는 답을 맞히게 해보세요.
4 힌트는 최대한 간결한 문장으로 만들어주세요.
5 아이가 힌트를 내고 부모가 답을 맞혀도 좋습니다.

기대 효과

1 아이는 자동차와 관련된 여러 가지 문장을 배우게 되고, 자동차를 떠올렸을 때 힌트로 들은 문장을 생각할 수 있게 됩니다.
2 어휘력, 연상 작용 능력, 응용력, 창의력 등을 높일 수 있습니다.

동화책을 이용한 단어 찾기 놀이

적정 연령 : 24개월 이후 | **준비물** : 그림이 많은 동화책

> **오리**는
> 어디에 있을까?

놀이 방법

1 글이 적고 그림이 많은 동화책을 준비해주세요.

2 아이와 함께 책을 읽으며 글보다는 그림에 집중하게 해주세요.

3 동화책 속의 그림을 하나하나 짚으며 "우와, 예쁜 오리다!", "나무가 있어요~"같이 쉬운 문장으로 이야기해주세요.

4 아이가 흥미를 느끼면 '오리', '나무', '구름' 등의 단어를 불러주고, 아이가 직접 찾아보게 해주세요.

기대 효과

1 책 읽기를 거부하던 아이도 다시 책을 '재미있는' 것이라고 느낄 수 있습니다.

2 부모와 함께 책을 읽으며 적극적으로 상호작용할 수 있습니다.

비밀 주머니 놀이

적정 연령 : 18-36개월 | **준비물** : 넉넉한 사이즈의 주머니, 장난감, 숟가락, 칫솔, 컵 등 일상 용품

> **어떤 물건**이
> 들었을까?

놀이 방법

1 속이 보이지 않는 넉넉한 사이즈의 주머니를 준비합니다.

2 주머니 속에 아이의 장난감, 숟가락, 칫솔, 컵 등 아이가 사용하는 물건을 넣어주세요.

3 아이가 물건을 잡았으면 어떤 물건인지 추리해보게 하고 몇 가지 질문을 던져보세요.

놀이 대화팁

1 (일상 물건이 담긴 비밀 주머니를 보여주며) OO야~ 여기 신기한 주머니가 있네.

2 우리 OO가 한번 만져볼래? 어떤 물건이 들었을까?

3 말랑말랑한 물건은 뭘까? OO가 한번 주머니 속에서 꺼내볼까?

4 (아기가 물건을 꺼내면) 말랑말랑한 인형이 있었네~!

기대 효과

1 주머니 속 물건을 감각적으로 탐색하고 유추하는 과정에서 아이의 인지발달과 언어발달을 증진시킬 수 있습니다.

2 아이는 물건에 대한 느낌을 설명하는 방법을 배울 수 있습니다.

05 자율성을 키우는 언어자극 놀이

혼자서도 잘해요

적정 연령 : 25-36개월 | **준비물** : 아이의 옷이나 신발 등

> " 보들보들하네. "

놀이 방법

1 아이와 외출을 위해 옷을 입어야 할 때를 놀이의 시간으로 만듭니다.

2 아이에게 옷을 입힐 때, 아이 옷의 색깔이나 천의 촉감, 향기 등을 언어로 표현해주세요.
"노란색 옷이 꼭 병아리 같네", "보들보들하다", "새로 빤 옷이라 꽃향기가 나네."

3 아직 정교한 손동작이 가능한 나이가 아니라면 단추를 채우는 등의 행동을 너무 무리하게 요구하면 안 됩니다.

4 이처럼 일상생활에서 매일 반복하는 활동을 놀이화합니다.

기대 효과

1 25-36개월은 자아가 형성되는 시기입니다. 이때 아이 스스로 할 수 있는 일을 하나씩 늘려가는 것은 자율성을 높이는 데 큰 도움이 됩니다.

집안일 돕기

적정 연령 : 24개월 이후 | **준비물 :** 개지 않은 빨래

> "
> 엄마는 이 옷을
> **반**을 접어 갤 거야.
> "

놀이 방법

1 아이가 집안일을 돕고 싶어 할 때가 있습니다. 이럴 때 아이의 도움 욕구를 모른 척하지 않고 작은 일거리를 줍니다.

2 빨래를 갤 때는 아이 옷을 직접 찾아 개도록 시켜봅니다.

3 옷을 개면서 아이에게 차근차근 설명해주세요. "엄마는 이렇게 반을 접어서 다시 반을 접을 거야. OO는 어떻게 개고 싶어?"

4 아이가 그대로 따라 해도 좋고, 전혀 새로운 방법으로 빨래를 개도 칭찬해줍니다.

기대 효과

1 작은 일이지만 아이는 그 안에서 자율성과 창의력과 응용력을 키울 수 있습니다.

장보기 놀이

적정 연령 : 24개월 이후 | 장소 : 마트

당근은
무슨 색이야?

놀이 방법

1 마트가 장만 보는 곳이 아닌, 아이의 언어능력을 키워줄 수 있는 공간이 됩니다.
2 식재료 코너에서 채소를 구입하며 자연스럽게 저녁 메뉴를 아이에게 알려주세요. "오늘 저녁에는 두부부침과 볶음밥을 만들어줄게."
3 그리고 자연스럽게 필요한 재료를 아이가 떠올릴 수 있도록 "그럼 뭐부터 사야 할까?"라고 질문해주세요.
4 구입할 식재료를 고르며 아이와 많은 이야기를 나눠보세요. 가령 "당근은 무슨 색이야?", "두부는 어디에 있을까?"처럼 구체적인 식재료를 언급해주세요.
5 아이의 키가 닿는 곳에 있는 재료를 직접 가져와 카트에 담도록 해주세요.

기대 효과

1 일상생활에서 사용하는 다양한 용품과 식재료의 이름을 자연스럽게 배울 수 있습니다.
2 부모와 함께 직접 장을 보면서 자율성을 키울 수 있습니다.